国际数字化转型与创新管理最佳实践丛书

区块链
重构规则

[美] 史蒂夫·霍伯曼（Steve Hoberman） 著

DAMA 中国　万向区块链实验室　译

清华大学出版社

北京

北京市版权局著作权合同登记号 图字：01-2021-1896

BLOCKCHAINOPOLY HOW BLOCKCHAIN CHANGES THE RULES OF GAME，2018
Author：Steve Hoberman
ISBN：9781634621724
本书中文简体字版由 TECHNICS PUBLICATIONS 授权清华大学出版社。未经出版者书面许可，
不得以任何方式复制或抄袭本书内容。

图书在版编目(CIP)数据

区块链重构规则 / (美) 史蒂夫·霍伯曼 (Steve Hoberman) 著；DAMA 中国，万向区块链
实验室译 . — 北京：清华大学出版社，2021.3
　（国际数字化转型与创新管理最佳实践丛书）
　书名原文：BLOCKCHAINOPOLY HOW BLOCKCHAIN CHANGES THE RULES OF
GAME
　ISBN 978-7-302-57212-1

Ⅰ . ①区… Ⅱ . ①史… ② D… ③万… Ⅲ . ①区块链技术 Ⅳ . ① TP311.135.9

中国版本图书馆 CIP 数据核字 (2020) 第 260191 号

责任编辑：张立红
装帧设计：梁　洁
责任校对：赵伟玉
责任印制：宋　林

出版发行：清华大学出版社
　　　　网　　　址：http://www.tup.com.cn，http://www.wqbook.com
　　　　地　　　址：北京清华大学学研大厦 A 座　　　邮　　编：100084
　　　　社 总 机：010-62770175　　　　　　　　　邮　　购：010-62786544
　　　　投稿与读者服务：010-62776969，c-service@tup.tsinghua.edu.cn
　　　　质 量 反 馈：010-62772015，zhiliang@tup.tsinghua.edu.cn
印 装 者：北京嘉实印刷有限公司
经　　销：全国新华书店
开　　本：148mm×210mm　　　印　　张：7　　　字　　数：108 千字
版　　次：2021 年 5 月第 1 版　　　印　　次：2021 年 5 月第 1 次印刷
定　　价：59.00 元

产品编号：087659-01

本书翻译组

组长
郑保卫

组员

刘天雪	汪广盛	马　欢
黄万忠	代国辉	蔡春久
毛　颖	吉　雅	王　兵
季国栋	杨志洪	訾津津
张寒梅	杜绍森	彭　云
纪晓东	吴永欢	杨金坤
王　轩	刘　凯	王金华

序

区块链：数据治理的基础设施

这是一个正在被数据重新定义的时代。

特斯拉电动车的硬件数量从以万计减少到以千计，软件的价值远远超过了硬件，人们惊呼这是"软件重新定义汽车"；基于电动车的自动驾驶技术，将进一步证明"数据驱动汽车"新里程的到来。决定自动驾驶汽车行驶决策的，将是实时收集的数据以及 AI 算法模型。"数据将成为新时代的能源"，诚不欺也！

包括大数据、云计算、人工智能、区块链等在内的一系列数字化技术的融合创新，正在建设一个与我们所熟知的物理世界平行的"数字世界"。社会、生活、商业都在逐步被数字化，或者说正在进行一场浩浩荡荡、史无前例的"数字化迁徙"。未来的世界，我们都将会穿行往复于物理世界和数字世界这两个平行宇宙。人类社会的新疆域，将是星辰大海、浩瀚银河！

数据是数字经济的基础，而数据治理又是数字经济的基础。过去二十年，通过中美的互联网平台的商业表现，我们已经看到了数据的巨大价值。

互联网商业平台通过大数据和人工智能，改写了许多商业规律和经济规则，比如，通过数字技术显著降低了搜索成本，百万商品可以瞬间呈现，服务长尾客户也在成本上可行；通过大数据分析进行精准客户画像，从而精准匹配需求和商品，大幅降低了匹配成本；通过收集客户互联网上的行为数据进行信用评估，提供交易担保和信用分期，从而大幅降低了信任成本等等。交易成本大幅降低、边际成本递减、边际效应递增，这些都是数字化带来的新商业模式、新经济范式。

我们直观地认为互联网巨头拥有海量数据，也因此拥有巨大的商业权力。其实它们拥有的数据只是数据星辰大海的冰山一角！人们遗留在互联网上的行为数据和社交数据，充其量只占全部数据世界的十分之一而已。社会数据、政府数据、工业数据、生命数据都不是目前互联网巨头能够窥见和占有的。

这已经被收集和利用的十分之一的数据，一方面让我们看见和体验到了巨大的力量和价值；另一方面也让我们担心数据治理一旦出现偏差，它可能会爆发出巨大的破坏力。尤其是如今5G和物联网、政府管理和社会治理的数字化转型如火如荼。人和人、人和物、物和物越来越紧密无缝地链接，海量数据收集和利用的成本越来越低，越来越便利，这些都意味着数据大爆炸时代正在到来！因此有关于数据治理的理论和方法的探讨，就显得越来越紧迫和重要。

区块链技术的成熟和数字治理问题的显现几乎是相伴而来的。区块链技术几乎天生就是数据治理不可或缺的技术基础设施之一。而我在这里推荐的这本书，就是论述区块链与数据治理的。它前半部分侧重联系数据治理方面的问题，介绍了区块链技术；后半部分又从数据治理角度，探讨了区块链的作用和方法。关于专门论述区块链与数据治理的书，我好像只读到过这一本，读后很受启发！

无论你是对区块链技术和应用感兴趣，还是对数据治理和数字经济有需求，这本书都应该摆放在您的书案上！

本书恰逢其时！

万向区块链公司董事长兼 CEO　　肖风

序

区块链是当代一种新的颠覆性技术——类似于车轮、印刷机、计算机、网络、智能手机或云计算的出现。它与这些颠覆性的产品和技术一样,其基本原理一旦被掌握,就可以与业务场景结合,发挥其不可估量的价值。

2019年10月24日,中共中央政治局就区块链技术发展现状和趋势进行第十八次集体学习。习近平总书记用四个"要"为区块链技术如何给社会发展带来实质性变化指明方向:一要探索"区块链+"在民生领域的运用,积极推动区块链技术在教育、就业、养老、精准脱贫、医疗健康、商品防伪、食品安全、公益、社会救助等领域的应用;二要推动区块链底层技术服务和新型智慧城市建设相结合,探索在信息基础设施、智慧交通、能源电力等领域的推广应用;三要利用区块链技术促进城市间在信息、资金、人才、征信等方面更大规模的互联互通,保障生产要素在区域内有序高效流动;四要探索利用区块链数据共享模式,实现政务数据跨部门、跨区域共同维护和利用,促进业务协同办理。目前多个省市地区已经在政务、民生(如食品溯源、医疗、供应商管理)等方面积极应用了区块链技术。在金融领域，中国人民银行在 2018 年 9 月 4 日推出贸易金融区块链平台，开展供应链应收账款多级融资、对外支付税务备案表、再贴现快速通道和国际贸易账款监管等业务后，2020 年 2 月 5 日发布了《金融分布式账本技术安全规范》（JR/T 0184—2020），被称作"国内金融行业首个区块链标准"。由此可见，从国家到行业都对区块链的发展和应用给予了一系列的政策支持，这为区块链在不同行业的应用和发展壮大营造了良好的外部环境。

区块链本质上是一种信任机制的技术支撑，它与数据有着天然的联系。区块链是为了解决数据可信及共享问题而产生的，但也给数据管理带来众多挑战。区块链的高质量建构，需要链上和链下数据治理,建立有效的区块链数据治理体系。区块链的特征之一就是数据一旦上链即不可修改，一个节点的数据质量问题会造成全链的数据质量短板。保障上链的数据质量，需要做好链下与链上的数据治理。我国的区块链技术和应用总体走在全球前列，但与美国还有一定的差距。如何发展区块链技术，包括在快速应用发展中的数据治理，需要学习和借鉴先行者的经验。这本书的编译者做了一项很有意义的工作。我觉得本书对此进行了比较全面、透彻、清晰的介绍，这对从事区块链技术应用的人们是颇有帮助的。

据说，史蒂夫·霍伯曼（Steve Hoberman）的著作特点是风趣易读、举一反三，本书也不例外，大量列举了区块链在九大行业（领域）——金融、保险、政府、制造业、零售业、公共事业、健康医疗、非营利领域和媒介领域中普遍应用的案例，并说明了其所带来的收益。同时，结合国际数据管理协会（DAMA）的《数据管理知识体系指南》（第二版）（DMBOK2），从数据治理、架构、安全、元数据和质量等十一大数据管理领域，全面分析了在区块链应用中，数据管理工作如何开展，以及区块链新型应用给十一大数据管理领域所带来的新的改变及挑战。史蒂夫·霍伯曼在探讨每个领域中的挑战时，都提出了一系列有待进一步验证和探讨的问题，并希望读者可以通过阅读和学习找到问题的解决方案。

在不可预测的疫情影响下，传统业务加速了上线、上链的步伐，这意味着用人单位也求贤若渴。2020 年 2 月，人社部等三个部委发布了针对区块链人才的岗位招聘信息，包括区块链工程技术人员、区块链应用操作员等。此书对有志于在区块链领域发展的人才提供了非常明确的资质指引。希望本书对读者有所裨益，也建议读者结合数据治理的国家与行业政策、参考书一起阅读，以达到更好的学习效果。

以上几句感悟，是为序。

浙江省政协副主席、浙江省科技厅原厅长　　周国辉

目　录

CONTENTS

目　录

CONTENTS

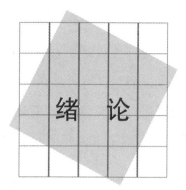

绪　论

我在大学时是攻读计算机科学专业的。我不会告诉你我的年龄，但可以说的是，当时最热门的编程语言是Pascal。如果你掌握了这门语言，你毕业时就可以在就业市场要求高薪报酬了。这促使我和系里的同学们都急不可耐地想学习这门新技术。

不过，在最初的几个学期里，我们压根就没能接触到Pascal的内容，你可以想象这是多么令人失望的感觉。我们使用的语言是BASIC、Fortran，甚至是汇编语言。（汇编语言，真的是一种纯粹的折磨。上课第一天，教授就说："你们环顾一下四周，到学期结束时，你们中只会有一个人还留在这里。"）

我们的教授更为重视的是编程的概念和原理，而不是学习最热门的新编程语言。我们在概念上花费了很多时间，包括：序列（sequence）；条件式（conditionals），例如如果—就（IF-THEN）语句；迭代/递归（iteratives），像符合条件时的循环（WHILE）语句等。教授反复强调一些原则，例如，将程序限制在一个函数里，保持代码简洁，采用缩进，以增强可读性，避免使用"可怕"的跳转（GOTO）语句，以及反复进行测试，等等。

当教授终于在大四那年教Pascal编程语言时，我和朋友们都惊讶于上手的速度。真的太容易了！在研究生院，我发现 C 语言同样容易掌握。以后，每当一种时髦的新编程语言问世时，我学习起来都很容易，因为我已经掌握了编程的概念和原理。

这个故事的主旨：

避免被招聘人员的黄金怀表迷住，忽略兜售者的花言巧语，不要被镁光灯吸引。相反，首先学习概念和原理，然后找出新技术是如何实现的。

我们可以把学习概念优先于技术这一原理应用到任何事物上。几年前，我参加了帆船课程。起初，我只是想把船弄到水里并开始航行，但我的教练却在没有空调的教室里花了几个小时描述如何利用风。例如，他最喜欢的概念之一是绘制一个时钟，当风力在 12 点的位置时，帆船的船头应朝向这个时钟上的同一个数字。我们听了他几个小时的讲课，并使用白板上的磁铁表示帆船相对于风的位置。在驾驶帆船之前，我们必须理解风对于此项运动的意义。

不过，每年在新泽西航行两个月，绝不会让我成为一名出色的帆船手。后来，我成了一个熟练的数据建模师，在过去的 30 年里，每年 12 个月都在为数据建模而奔忙。

数据建模师将核心的概念和原理应用于构建数据库。

就像编程语言和帆船运动一样，在使用数据库技术之前，需要掌握良好的数据库设计所需的概念和原理。

数据建模过程通常是从与业务人员沟通其应用程序的需求开始的，这样做可以帮助建模师理解项目的范围，明确核心概念（如客户、产品和账户）的含义。另外，必须遵循良好的设计原则，这包括把相似的属性分组在一起，规划未知需求，以及消除数据冗余。

所有数据建模工作的最终结果都是一个精确的视觉展示图，称为"数字模型"。之所以描述为"精确"，是因为这里只有一种读取数据模型的方法。

以图1这个数据模型为例：

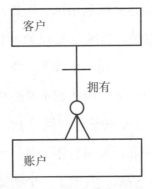

图 1　数据模型

这个模型可以完全以一种方式读取：

· 每一个客户可以拥有一个或多个账户。

·每一个账户必须由一个客户拥有。

举例来说，这意味着鲍勃（人名）可以拥有编号为125的账户和编号为789的账户。这两个账户中的每一个，都由一个且仅有一个客户拥有，即鲍勃。

这些精确的示意图可以解决开发过程可能出现的许多沟通问题。数据模型成为理解数据的一种强大的沟通工具，通常用于构建、支持和集成软件系统。

简而言之，数据模型师经过训练，可以将抽象转化为具体（精确）。如果你有兴趣了解数据建模的更多知识，就请阅读我的书《简单数据模型》（*Data Modeling Made Simple*）。

我们知道，首先关注概念和原理能使我们更好地利用技术。此外，如果这些概念和原理非常精确地传达给用户，那么，它们就更容易被记住。因此，我（作为你信任的数据建模师）将是你穿越区块链丛林的向导。在你阅读的过程中，我将通过我习得的沟通技巧来阐明区块链世界背后的核心概念。

这本书不会教你如何构建区块链的应用程序。相反，它将教你一些更有价值的东西：概念和原理，这是构建任何区块链应用程序的基础。

这本书包含三部分内容。

1. **说明**。第一部分将解释底层区块链的原理。这里，提供了一个精确和简洁的定义，将区块链与区块链架构区分开。此外，基于目的和范围的概念，探索区块链的不同类型。

2. **用法**。对区块链的了解有了，那么，你在哪里使用区块链？构建区块链应用程序的动机将至少包括以下五个驱动因素之一：透明度、精简流程、隐私、持久性、分布式的需求。关于其中的每一个因素，我们将举例说明区块链在金融、保险、政府、制造业、零售业、公共事业、医疗保健、非营利领域和媒介等领域的使用。流程图将通过输入、指南、促成因素和输出来说明每一个用例，同时，还会检验这些用例的风险，如合作、激励和改变。

3. **影响**。既然你了解了在哪里使用区块链，那么，它将如何影响现有的 IT 环境呢？第三部分探讨区块链将如何影响数据管理。《数据管理知识体系指南》（第二版）（*The Data Management Body of Knowledge 2nd Edition*，DAMA-DMBOK2）是一本很棒的书，它定义了数据管理领域以及各种数据管理学科之间的复杂关系，例如，数据治理和数据架构之间的复杂关系。在书中，我们将了解到区块链是如何分别影响十一个数据管理领域。

这本书是为那些需要和想要了解区块链的人准备的。一旦你（作为业务专业人员或 IT 专业人员）理解了概念和原理，你就可以确定自己、部门和相关组织如何利用区块链技术并从中受益。

当你开始理解区块链的巨大力量和潜力时，你将认识到区块链是一种真正的颠覆性技术——就像车轮、印刷机、计算机、网络、智能手机或云计算的出现。与其他突破性的产品和技术一样，一旦你了解了其底层原理，并使用它们建立起坚实的基础，就有无限机会！

第 1 部分

区块链介绍

　　我挺喜欢大富翁这款纸板游戏的。通过滚动骰子，我们的角色可以在纸板上各处移动，购买房产、建造酒店，并与其他玩家和银行发生金融交易。

　　大富翁中的"银行家"是一个很强大的角色。毕竟，银行家控制了所有的钱。几乎所有的金融交易都需要由银行家来担当中介。

　　我们相信银行家会关心我们的利益，也相信他会在金融交易中正确处理相关事宜，并负责任地、正直地行事。

　　不过有时候，这些银行家会辜负我们的信任而以权谋私。我在玩大富翁的时候，有几个回合曾碰到过钱从银行离奇消失并出现在银行家自己账户中的情形。有时，我在游戏中穿过了起点，但银行家"忘记了"给我 200 美元。还有些时候，银行家的某位朋友奇迹般地从破产边缘摇身一变就拥有了一大沓钞票，伴随而来的则是这位玩家与银行家之间的挤眉弄眼和声声窃笑。

　　大富翁这款游戏中强大的银行家角色，映射到人们的现实生活中，代表的是任何中心化的权力机构。所谓中心化的权力机构，可以被认为是在一个或多个流程（如结算金融交易、钻石评级、注册知识产权或售卖歌曲等）中占有垄断地位的任何个人或组织。我们经常会与中心化的权力机构进行互动，它们在我们的工作、生活和娱乐中可谓无处不在——从商业到政府，再到休闲服务业。

如果我们可以将中心化的权力机构从这些流程中移除，会发生什么？或至少能将其包罗万象的影响力降低一点，我们是不是就能在脱离银行家这个角色的情况下玩大富翁这款纸板游戏？大富翁中的所有玩家是不是都可以共同担任银行家这个角色？

在接下来的章节中，我们将看到区块链可以通过分享责任的方式，消除中心化权力机构天生的垄断性。我们的目标是希望从垄断走向区块链模式（blockchainopoly）。

区块链模式将共享责任带到了流程执行过程中，它并不像中心化权力机构那样占据着支配地位。不过，区块链模式并不一定意味着将强大的垄断角色从流程中完全移除。通常情况下，占据垄断地位的机构还是会在某些区块链应用中扮演重要的角色。

区块链改变了游戏规则。

第 1 章

区块链原理

这一章会解释区块链的底层原理。我们提供了一个简明扼要的定义，并将区块链与区块链架构区别开来。根据目的与范围的概念，我们还将探索不同的区块链。

每隔十年便会出现"游戏规则颠覆者"

回顾往昔，不言而喻，屡见不鲜的重大技术成果给技术环境带来了颠覆性革命。事实上，最近的每一个十年，都会出现至少一个这样的"游戏规则颠覆者"。

在 20 世纪 70 年代，大型机就是那样的"游戏规则颠覆者"。这种强大的计算机，让政府和大型机构可以将此前的很多手工任务变为自动化，并让集中、存储和访问大量的数据成为可能。

在 20 世纪 80 年代，个人计算机作为这样的"游戏规则颠覆者"，又一次撼动了技术世界。个人计算机让大大小小的机构和家庭可以实现很多任务的自动化，并存储和访问更多的数据。

我的第一台个人计算机是"Commodore 64"，它拥有 64 KB 的随机访问内存（RAM）——那时候谁又会想到，人们需要更多的内存？我记得将一系列的指令存储在一盘磁带上，这就能指挥机器人的手臂将一美分从一叠移动到另一叠。我甚至觉得自己可能拥有了世界上最强大

的计算机。

然后，在 20 世纪 90 年代，得益于互联网技术的发明，技术的竞争又一次发生了改变。谁会想到在网络上创建一个直观的图形用户界面，并将 IP 地址抽象为网址，会改变世界？不过，它确实做到了。现在，我们可以从全世界的计算机上访问数据和服务了。

当然，在世纪之交，以上技术的整合运用，顺其自然地再次改变了游戏规则。移动计算机作为一股颠覆性的力量统治了 21 世纪。于是，我们可以在任何地方访问全球计算机上的服务和数据。

在技术领域，这样的"游戏规则颠覆者"让我们最大程度地接近：

在恰当的时间将正确的信息带给合适的人群。

不过，之前的这些"游戏规则颠覆者"都让中心化的权力机构控制了"在恰当的时间将正确的信息带给合适的人群"这个流程。如果我想购买 100 股的 IBM 股票，美国存管信托公司（Depository Trust Company，DTC）就会控制这样的流程；如果我想下载一首保罗·西蒙（Paul Simon）的歌曲，苹果的音乐软件（iTunes）就会控制这个流程；如果我想为这本书申请著作权，政府的某个知识产权部门就会控制这个流程。

就此，作为下一个重大的"游戏规则颠覆者"，区块链有了用武之地。它变革了游戏规则，因为它可以通过共享的责任（而不是中心化的权力机构）让我们"在恰当的时间将正确的信息带给合适的人群"。事实上，区块链对这条格言带来如下改变：

在不依赖中心化权力机构的情况下，在恰当的时间将正确的信息带给合适的人群。

区块链的三个关键词

在进行深入的探讨之前，让我们先花一点时间来明确定义区块链。在最基础的层面上，区块链是一个不可更改的共享账本。让我们更仔细地了解下账本、共享和不可更改这三个术语的含义。

账本

区块链是一个账本。对于电子表格来说，账本是一个有趣的词。电子表格的最简单形式是一个 T 型账户（T-account），这是一个拥有贷方与借方两列的电子表格。比如说，如果我要花 500 美元购买一台新的电脑，那这一笔交易既属于我的资产的借方，同时又可以属于我的负债的贷方，见表 1-1。

表 1-1 资产与负债表

资产		负债	
借方	贷方	借方	贷方
$500			$500

一个账本可以是任意形式（简单或者复杂）的电子表格。账本可以存储交易的明细，比如，股票交易、保险理赔或者产品订单。账本也可以存储个人或者公司的库存或资产清单。账本甚至还可以存储我们人生的大事记，比如，我们毕业、结婚或退休的时间。

我们可以将一个账本抽象为任何有组织的信息集。这些电子表格中的信息之所以被称为"有组织的"，是因为它们依据每一列的表头被归类到不同的集合中。

区块链账本之所以被称为革命性的，是因为数据不仅仅被归类到不同的集合，同时也被时间顺序记录，即电子表格中的每一条新增记录永远会链接到前一条记录。

共享

区块链是一个共享账本。它不由商业机构或者政府机关来管控账本的访问和修改流程，而是将责任"共享"。共享的意思是中心化的权力机构被众多的计算机取代。每个计算机会持有一份账本的拷贝，并被称为"记账人"。

在图 1-1 中，每个立方体代表着一个账本，下面的每一个圆盘代表一个扮演记账人角色的计算机。

每个记账人会在彼此之间进行交互通信来确保自己的账本是最新的，且是准确的。

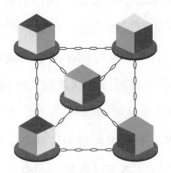

图 1-1　区块链账本示意图

这一分享区块链账本的简单行为却是真正的"游戏规则颠覆者"，因为它去除或削弱了对于中心化权力机构的依赖，取而代之的是允许信息被众多的计算机记录，并按照时间顺序进行排列。

不可更改

区块链是一个不可更改的共享账本。如果你在 IT 领域工作，你可能会比较了解缩写词 CRUD，它的含义是 Create（增加）、Read（查询 / 读取）、Update（更新）和

Delete（删除）。CRUD 的意思是在一个应用中，数据可以被增加和存储，被查询和使用，被更新，甚至被删除。

在区块链上，我们只做其中的两件事情：增加和查询／读取。一旦数据被保存在账本中，我们永远不可能更改或者删除它。账本的存在只是为了写和读。不可更改意味着数据不能被改变；我们不能编辑历史。一旦我花 500 美元买了计算机，那我购买的价格就不能被变为 400 美元或者 600 美元。

共享账本变得不可更改，就在可问责性和透明度方面改变了游戏规则。所有的信息都由记账人写到账本上，并且保持最新和准确，还提供事件发生的永久性历史记录，而不必担心有人会篡改数据。

区块链架构

我想给我兄弟 10 美元作为生日礼物。好吧，我不是个慷慨的兄弟，但心意才是最重要的。我可以通过以下几种方式给出这 10 美元：

· 我可以见到他的时候亲自给他；

· 我可以通过信件邮寄到他的地址；

· 我可以通过银行转账，从我的账户转到他的账户；

· 我可以通过支付服务，比如西联汇款或者贝宝

（PayPal）；

· 我可以使用数字货币，比如比特币。

如果我亲自或者通过寄信给他 10 美元，则很有可能没有记录表明我曾给过他这个"慷慨"的礼物。在我生日的时候，他可能只给我 5 美元。没有办法证明我曾给过他 10 美元。

银行转账或者支付服务（比如西联汇款）会提供一个交易的记录，但是，通常又会涉及高额的手续费。

让我们来看看采用数字货币的方案。比特币是使用区块链搭建的第一个应用，也是众多数字货币转账应用中的一个。（我们稍后会重新讨论"应用"一词。）交易会以表 1-2 的形式记录在比特币区块链账本中。

表 1-2　交易记录表

史蒂夫	加里
−$10	$10

这只是一个单独的账本。区块链所需要的是多个账本，每个账本由一个记账人维护。在这个例子中，我们可以使用三个账本，这样就有三个记账人，见表 1-3。

表 1-3 记账人

记账人 A		记账人 B		记账人 C	
史蒂夫	加里	史蒂夫	加里	史蒂夫	加里
–$10	$10	–$10	$10	–$10	$10

这样会出现两个问题：

1. 我不想让全世界都知道是我（史蒂夫）刚刚给了我的兄弟（加里）10 美元。除了不想让世界知道我是个吝啬鬼外，还涉及隐私问题。那我应该如何匿名地进行这笔金融交易呢？

2. 现在有三个电子表格，怎样才能让这 10 美元的转账被三个电子表格全部记录呢？如果我手动维护这三个电子表格，就可以更改它们的内容，而在这过程中我可能会犯一个或多个错误。在现实世界中，可能这个"错误"是故意的，比如大富翁游戏中的银行家在我穿过起点位置的时候"忘记"给我 200 美元。那么，在系统中我们怎样才能确保公正呢？

让我们探讨一下这两个问题。

我们应如何进行匿名交易？

当我们在区块链上进行交易的时候，我们可以戴上"面具"。比如，为了保护我和我兄弟的身份，我可以戴上达斯·维达（Darth Vader）的面具，我兄弟戴上尤达（Yoda）

的面具（译注：这两个均是电影《星球大战》的角色），
见表1-4。

表1-4 交易记录表

记账人 A		记账人 B		记账人 C	
达斯	尤达	达斯	尤达	达斯	尤达
-$10	$10	-$10	$10	-$10	$10

这个系统运行良好，直到其他人也使用了一个尤达的
面具，那这10美元会意外地流入一个在爱荷华州得梅因市
的陌生人的账户，而不是给到我弟弟。

这就是为什么身份标识非常重要。如果我有一个唯一
的标识，我的兄弟也有一个，并且我知道他的唯一标识，
那我就可以明确这笔交易是发给他的，而他也会知道这笔
交易来自我。因此，如果我的唯一标识是123，而他的是
789，我们的交易会是表1-5的形式。

表1-5 交易记录表

记账人 A		记账人 B		记账人 C	
123	789	123	789	123	789
-$10	$10	-$10	$10	-$10	$10

这里的123和789在区块链上被称为"公钥"。一个

公钥就是一个唯一的标识，用于分配给区块链应用上的用户。"公开"意味着这个世界上的任何人都可以看到。公钥在区块链账本中用以标识用户。

公钥可使我们能够匿名地参与到流程中，而不会暴露敏感信息，比如信用卡号或者社会保险号码。

如果我们的公钥不包含任何将我们关联在一起的识别信息，系统如何知道 123 是我，而 789 是我的兄弟呢？

实际上，识别密钥在区块链上被称作"私钥"。我知道我的私钥，它同样与社会保险号码一样具有私密性，我的兄弟知道他的私钥。

私钥永远不会暴露在区块链上。如果一个人知道了其他人的私钥，他可以通过这个私钥执行任意数量的操作或者发起任意交易，这会导致经济上的损失或身份的泄漏。为确保私钥的安全性，我们一般会通过某个不可公开的特殊软件来进行加密操作，该软件被称作"钱包"。

我们用自己的公钥来进行交易，同时，记账人确认其与我们私钥的对应关系。公钥是在私钥的基础上，通过一段加密算法而生成的。这一过程的技术术语被称为"非对称密码学"。[1]

---

[1] 联邦信息处理标准出版物 186-4，数字签名标准规定了在区块链技术中使用的通用数字签名算法：椭圆曲线数字签名算法（ECDSA）。

为提供额外的安全保障，我们通常会基于自己的公钥创建"地址"。想以破解代码的方式，从一个公钥识别出私钥是极难的，从一个地址识别出公钥则更难，因此，也很难再继续进一步识别出私钥。

地址是从公钥通过一个叫作"哈希"的流程生成的。哈希的意思是基于一些电子数据生成一个固定长度的编码。这个编码就叫作"哈希值"，它是使用一个复杂方程式生成的，不容易被破解。哈希值具有确定性，意味着同样的输入数据，永远会产生同样的哈希值。

哈希值是电子数据的电子指纹。哈希算法在区块链中不仅仅是为了隐藏公钥，还被用来隐藏交易或者资产。

在区块链应用中使用了很多哈希算法。其中一个最普遍的是安全哈希算法（Secure Hash Algorithm, SHA），它可以基于任意文档、交易或者公钥来生成一个 64 位字符的编码。

不管需要进行哈希运算的内容长度为多少，哈希值的长度总是固定的，例如，对于安全哈布算法而言，长度为 64 位字符。这些长字符串就成为区块链上的地址，这样的数字指纹代表了被保护的真实信息。

区块链早期的实践者意识到了复杂哈希算法的重要

性，并且采用了一个非常安全的方案。区块链的哈希算法是非常复杂的，因此，需要运算能力极其强大的计算机，这样才有机会从地址中找回到公钥。

一个人可以拥有很多私钥，每个私钥与一个公钥相关联，每个公钥又可能会关联一个或多个地址。公钥通常很长，不方便记忆，因此，它们经常被拿来拷贝和粘贴，或者与二维码关联起来。

应如何确保系统的完整性（公正性）？

现在，让我们回到第二个关注的问题，即我给兄弟的那份"慷慨"的生日礼物。倘若电子表单里存在数据质量问题,该怎么办？我可能会无意中输入了错误的财务数字，或像大富翁里的银行家那样尝试伪造数据去确保他或她在游戏中胜出。我们如何才能信任系统？

要理解区块链如何确保系统的完整性，不妨让我们的想象力回到几千年前。在中国有一个被围墙保护起来的城池，它被一支大型军队围困了。这支军队划分为十个队伍，每个队伍由一名将军控制。

这些将军通过骑在马背上的信使互通讯息，毕竟，那时候可没有智能手机。

如果这些将军中的大部分人带兵发起进攻，他们就能攻占这座城池。不过，如果只有一个或两个队伍发起攻击，那肯定会失败。

这些将军投票决定是否要发起进攻。如果大部分投票同意，他们就会发起攻击并很有可能获胜。即便只有六名将军发起攻击，他们也会赢——只要他们在十名将军中占了大多数。

不过，问题是这些将军彼此并不信任。早就有一些传言，说其中某某将军是叛徒、某某将军是忠将。所以，一名将军可以派遣骑兵去与邻军的将领沟通，发起一次进攻，而收到信号的只有后者。随后，后者可能会进攻，并成为唯一的进攻军队，那么必然战败。

因此，没有人能确切知道谁是忠将、谁是叛徒。如果没有人是可信的，那他们应怎么协调攻击计划？

这种经典的挑战问题又被称为拜占庭将军问题。

我们对此的解决方案就是创建一个谜题（又被称为密码学）。只有那些忠诚的将军才能解开这些谜题。只要大部分的将军能成功解开谜题，对整支军队而言，结果就比较乐观了。

区块链中的记账人就像这些将军一样，而通过哈希算法进行处理的交易内容成为有待解开的谜题。

　　为了解开这个谜题，记账人需要为哈希值找到合适的答案，有时候只算出一部分哈希值就足够了。

　　这些记账人通常会独立运作，为哈希值找到合适的答案，以解开谜题并确认交易的有效性。对任意交易而言，哈希值的编码涉及区块链中前一个被确认的区块。这让所有的区块能够被连接起来成为"链"，这就是"区块链"这个词的来源。除了首个区块（即"创世块"），这里所有的哈希值都包含了区块链中最近被接纳的区块的信息。

　　媒体机构——比特币新闻资源网（CoinDesk）将这种链接的概念解释为：因为每一个区块的哈希值是以前一个区块的哈希值为基础而生成的，它成为一个数字化版本的"蜡封"。它确认了这个区块及其之后的每一个区块都是有效的，因为假如你想动手脚，所有人都会知道。[2]

　　首个成功解开哈希谜题的记账人会胜出。一般情况下胜出都会得到激励，如金钱奖赏。记账人会将其答案与其他记账人分享，后者会检查胜出方的工作成果。检查一个哈希值总是会比从头算出它更为省事。只要特定比例（通常是大部分）的记账人可以解答或确认哈希值的解决办法，

[2] http://bit.ly/2EOhiKj.

交易就是被验证过的，并在区块链上被保存。这种确认交易有效性的过程又被称为工作量证明。

每一个被验证过的交易都会被添加到区块链上的一个区块中。区块链上的一个区块可以包含多笔交易。

记账人通过网络彼此通信，从而创建并解开这些谜题，就如将军们使用马匹一样。这些记账人在网络上使用的语言被称为"协议"，这些协议让记账人可以彼此联系，因为他们必须展开协作来验证交易。

记账人可以是少数几个、几十个、几百个或数千个不等。记账人的数量取决于很多因素，包括安全性和性能要求。这里，性能指的是在特定时间内可以处理的交易数量。例如，如果需要由 20 个记账人（而非 50 个）来验证一笔交易，那么，每一笔交易可以更快地完成，但出现伪造交易的概率会更高（因为只有更少的记账人在检查）。

这种协议也被用于执行合约。执行合约意味着当特定条件为真时则运行程序代码。换句话说，"如果"特定条件为真，"就"执行代码去做某事（例如，发起一笔交易）。这样的"如果—就"语句是通用的程序结构，在区块链应用中也经常被使用。我们很快会讨论更多关于合约和"如果—就"语句的事项。

这样的协议是在账本上搭建的。我们可以想象下面这个事项。

这里有两级：协议和账本。每一级被称为一层。账本又被称为数据层，而协议层又被称为功能层，见表 1-6。

表 1-6 协议层

协议		
记账人 A	记账人 B	记账人 C
账本	账本	账本

这样的双层结构可以让不同记账人之间进行可信的沟通，并用来执行合约。不同的区块链协议包括比特币（Bitcoin）、瑞波（Ripple）和以太坊（Ethereum）。

在协议上还有另一层，那就是将流程自动化的应用层。区块链的架构包含三层。"区块链"指账本（即第一层），而"区块链架构"的其他两层分别是应用层和协议层。

应用层将一个或多个业务流程自动化并增强用户体验。区块链应用对用户而言可以像其他典型的应用一样，即应用将协议和记账人藏在背后了，让用户无须接触到。应用层是第三层，见表 1-7。

例如，我使用比特币的应用程序将相当于 10 美元的

表1-7 应用层

应用		
协议		
记账人 A	记账人 B	记账人 C
账本	账本	账本

比特币发送给我的兄弟。最下面的一层包含了这些比特币交易的三份副本,即账本的三份复制品。

中间的一层包含了比特币协议,让记账人彼此沟通,解开谜题,从而验证交易。

最上面的一层包含了自动化转账过程的应用。例如,史蒂夫将价值10美元的比特币发送给加里,玛丽(Mary)发送了两个比特币给我等类似的事宜。

比特币应用层负责接受交易,而协议层则负责验证这些交易。如果谜题被记账人之间的共识机制解开了,那么,10美元的转账就会被记录在每一个账本上并得以成功完成。

如果我尝试将同样的10美元同时转给两个人(即所谓的双重支付),那么,记账人就会同时解开涉及这两个交易的谜题。当其中一个谜题被解开时,其对应的交易就会被接纳并记录在账本上,而第二笔交易则会被忽略。

要强调的是,这些交易是使用公钥密码学处理的,因此，没有人知道我对兄弟如此吝啬（只转了 10 美元）。交易被写到账本上并存储在以"区块（block）"为单位的结构里。每一个区块与其前一个区块都是链接起来的，从而形成了一条链，这就是"区块链"这个名字的由来。

应用层、协议层和账本层所构成的结构就代表了区块链的架构。

区块链的不同形式

区块链应用可以根据目的和范围来描述。

目的

我们所搭建的任何应用都肯定有其目的，并旨在解决一个或多个业务需求。区块链应用可以支撑一个或多个这样的目的：货币、合约和权利主张。

货币

专注于货币的区块链应用是数字化的会计系统——记录了我们所发送和接收款项的账本。在此前的例子中，我发送给兄弟的 10 美元是通过比特币来进行的。

现在，已经有数百个数字货币应用搭建在区块链上。首个（也是最流行的）区块链货币应用就是比特币。"中本聪（Satoshi Nakamoto）"在 2008 年写下了一份关于区块链概念的白皮书，并在很短的时间内开发了比特币。首笔比特币交易是在 2009 年 1 月 3 日发生的。[3]

顺便说一下，"中本聪"的名字之所以带引号，是因为没有人知道"中本聪"是谁，是男是女，生活在世界上哪一个地方，抑或他是一个人还是一个团队。这只是围绕着区块链和数字货币的一个谜团。

比特币中作为记账人的计算机被称为"矿工"，而比特币的货币单位被称为"比特币"或"币"。为了确保比特币总是有价值的，比特币所能挖出的数量是有限制的。与黄金类似，供应量有限意味着当需求增加时价格就会上涨。我们或许无法知道地球上还有多少未被开采出来的黄金，但我们却能知道比特币的未开发量。

比特币网络中只会有 2100 万个比特币。为什么是 2100 万呢？就如围绕着比特币发明者背后的谜团，没有人知道 2100 万这个数字是怎么选择出来的。有些人相信 2100 万这个数字是为了方便在数学上决定挖矿速率。其他人相信这个数字是为了对应已经挖出来的黄金的数量：在 2009 年，已经有大约 174100 吨黄金被挖掘出来，如果将其转化成一个立方体，就会有 21 米的边长。不过，还有一些人相信这与经典的电影作品《银河系漫游指南》

---

[3] http://bit.ly/2nuUR50.

（*Hitchhiker's Guide to the Galaxy*）有关，因为其中将 "42"
这个数字作为宇宙和一切事物的终极答案，而 21 是 42 的
一半，再考虑到比特币挖矿机制背后的数学过程（比特币
奖励每四年减少一半），就说得通了。[4]

　　当矿工解开了一个谜题后，拥有这台计算机的个人或
组织就会收到以比特币为形式的货币报酬。这就是比特币
被 "挖出" 的过程。成千上万的矿工试图解开这些密码学
谜题，多少也源于这背后的激励因素。

合约

　　合约应用（又称为交易应用）通过调用合约条款来发
起和记录交易。购买物品和提供服务的协议以及购买一本
书的订单都是合约。如果我同意购买一本书，就会产生支
付和运输交易。这些交易都可以在区块链上存储。

　　区块链通过 "智能合约"（smart contracts）来调用条
款。智能合约可以被视为自主执行的 "如果—就" 语句，
它可以执行计算任务、存储信息，或发起数字资产的转移。
如果我们要描述合约中所记录的活动特征，就可以抽象为
"如果—就" 语句。如果某个条件为真，则执行特定动作。
在之前提到的买书的例子中，涉及的 "如果—就" 语句包括：

---

[4]　http://bit.ly/2HHwvxZ.

·如果史蒂夫下单购买一本书，他就需要支付；

·如果史蒂夫支付了这本书的费用，我们就必须找运输商送货；

·如果我们把书运输出去了，就需要发送运单追踪信息；

·如果我们将运单追踪信息发给了史蒂夫，我们就可以向他发送一份调查表，让他评价我们的服务；

·如果史蒂夫完成了这个调查表，我们就可以为他的下次购买发送一张 9 折的打折卡。

以太坊（Ethereum）是一个为创建智能合约而设的强大协议。以太坊包含了自己的编程语言，用于搭建区块链应用，其人气在快速提升。

瑞士联合银行（UBS）开发了一个区块链应用来执行债券中的合约功能。瑞士联合银行记录了债券的发行、利息计算、票息付款和到期的过程。当债券到期，智能合约就会将主要的款项发送给债券的持有者。[5]

权利主张

在这个场景中，权利主张并不是保险的索偿，而是所有权的主张。我们可以记录个人和组织所拥有的权利，包括：

---

[5] http://bit.ly/2oXN4vX.

- 知识产权；

- 房屋和车辆；

- 成就。

例如，我在管理一家出版公司。如果我想找版权注册处去注册一本书的版权，那会是一件复杂且昂贵的事。不过，这是必要的，因为它可以保护我们工作成果的产权。

美国版权局可以被视为我们在本书开头提到过的"中心化权力机构"中的一员。如果我的出版公司想避免与这样的垄断机构打交道，应该怎么做？我们可以使用区块链来记录知识产权，代替美国版权局的角色。我们可以将占据 9 GB 硬盘空间的图书的电子文件进行哈希运算，并将结果放在一个 64 位长的比特币专用地址里，以此来代表这本书的权利。由于区块链是难以篡改的，当这个哈希值在特定的时候被存储在区块链上，所有人都会知道这是我们的知识产权。

使用区块链来创建一个知识产权注册系统看上去可能很简单。不过，若要让这个注册过程生效，还是需要预先做一些事情的。例如，一个版权侵权案可以使用区块链账本作为法律证据吗？倘若法律和政府领域不做出较大的变革，想在知识产权注册方面大规模使用区块链应用便难如登天了。

从技术上讲，我们可以在区块链上注册任何资产，而作为所有者，我们会有与这个资产相关联的私钥。最终，我们可以出售这些资产，并将交易记录在区块链上，这样，其他人就可以通过各自的私钥来拥有这些资产了。例如，表 1-8 是一个记录了特定汽车的所有权的账本。

表 1-8　公钥与汽车识别号码表

公钥	汽车识别号码
983	4JGBF71E18A429191
123	SAJWA0HEXDMS56024
456	WP1AB29P88LA47599

从之前的例子中，我们知道我的公钥是 123，如果我将自己的车卖给公钥是 983 的鲍勃，区块链上所记录的这笔交易信息就会像表 1-9 这样。

表 1-9　交易记录表

记账人 A		记账人 B		记账人 C	
123	983	123	983	123	983
-SAJ	SAJ	-SAJ	SAJ	-SAJ	SAJ

　　限于篇幅，我只展示了汽车识别号码的前三位字母，并将售卖行为简化为一个"减号"，你可以看到所有权发生了转移。不过，在这些交易发生之前，还是要先有资金的转移的。首先，我要将自己的车卖给鲍勃，售价为 100 美元，见表 1-10。

表 1-10　所有权发生转移记录表

记账人 A		记账人 B		记账人 C	
123	983	123	983	123	983
$100	−$100	$100	−$100	$100	−$100

　　这里需要使用智能合约来决定是否可以将汽车识别码转移给鲍勃。例如，如果史蒂夫从鲍勃手上收到了 100 美元，就将所有权转移给鲍勃。

　　当汽车被卖给鲍勃后，他的公钥就会与这辆车的所有权挂钩，进而他就拥有了这辆车。

　　"证明"是指提出证据来主张某项事情是真实的，包括了"存在证明"和"所有权证明"。对证明服务而言，区块链是一个很好的平台。例如，下面的这个哈希值是为这本书的早期版本配置的：

　　a05aac5e3ec2da3425f9c86764aaadb07ffe8b4345c9aba

423042afcac8c34a1

这个网址并不要求将文档本身拷贝或上传上去，因为这会涉及安全性问题。相反，文档是在你的本地电脑进行哈希运算的，而哈希值只与你的这份文档相关联。然后，这个哈希值就会在区块链上加盖时间戳并被存储下来，作为你对这份文档权利主张的永久证明。

范围

区块链可以分为公有链和私有链。

公有链是对全世界开放的，也经常被称为"非许可链"。任何人都可以查看账本，使用账本上搭建的应用，并使用计算机扮演账本记账人的角色。

在组织内部存在的私有链也经常被称为"许可链"。该组织拥有这个账本、协议和应用程序。因此，只有该组织的雇员（或被组织授权访问的非雇员）可以使用这些应用，并在账本上写入内容。有时候，私有链对公众来说是可视的（只读的），不过由于只有公钥和地址是公开的，因此不存在安全风险。私有链与组织的其他内部应用是同类可比的关系。

私有链的一个变种形式是联盟链。在联盟链中，并不是由单一的机构控制和写入区块链，而是将这些权限分给

一些组织组成的群体。例如，可以有一个由 50 家金融机构组成的联盟，只要其中至少有 35 个机构验证交易，这笔交易就会被写到账本上。只有这些机构能往账本中写入内容。当然，有时候公众也可以查看账本，因为以公钥标识的身份并没有隐私方面的忧虑。

当用户不需要（或不希望）被一个中心化权力机构保护或控制时，就应该在公有链上搭建应用。鉴于私有链是由一个或多个组织控制的，私有链可以给用户真正的（或用户意识到的）自由度是极为有限的。所以，建议尽量在公有链上搭建应用。

当然了，这并不总是可以实现的。当有以下需求的时候，就应该在私有链上搭建应用。

· **了解用户**。在有些情况下，一个组织或联盟有外加的资源去确认数据是否可信，因此，仅仅让数据所有者往账本上写入数据是不够的。这些所有者还需要将账本上的数据与其他内部的数据相比较。例如，假设有一个区块链应用是为了在特定的联盟成员机构之间结算股权交易的，在这种情况下，一个或多个主体组织就必须确认下单交易的人拥有联盟中某个成员机构的账户。

· **了解记账人**。如果任何人都可以设立记账人节点，那么，任何人都有能力掌握足够多的记账人节点，从而占据优势。这样，某些人就可能输入一笔无效的交易，并通过自己所掌握的足够多的记账人节点来批准这样的交易。假设有人拥有 51% 的验证交易的记账人节点，并下单购买 100 股的 IBM 股票。因为他占据了大多数的优势，所以，他自己就能批准这笔交易，即便没有人收到对应的款项。

·**性能**。在私有链里，需要验证交易的记账人更少，因为用户彼此之间存在更高程度的信任，这也意味着只需更少的时间就能处理一笔交易，因此更为高效。

·**拯救环境**。区块链给环境带来的影响相当大。记账人所用的计算机节点会消耗电力来进行运算和冷却机器，因此，成千上万的记账人计算机就会给环境带来重大影响。例如，在比特币的网络中，矿工所消耗的总电力规模为 350MW，差不多相当于 28 万个美国家庭的用电量。[6] 在私有链中，由于记账人的数量较少，所消耗的能源也相对较低。（译者注：此处所指的能耗问题仅限于 PoW 共识机制下"挖矿"的区块链。）

总结
技术领域，包括区块链行业中的很多流行语都承载了

[6]　http://bit.ly/2iVMblX.

含混不清的定义。"区块链"这个术语有时候被引申为真正的账本，有时候被解读为协议、应用，或者以上三层含义。为了精确起见，本书中的区块链指的是账本。区跨链架构指的是包括应用、协议和账本的三个层次。账本层被记账人管理。协议层提供记账人之间交易验证的语言，并触发智能合约，即"如果—就"（IF-THEN）条件语句。应用层将一个或多个流程自动化来提升用户体验。

区块链应用可以通过使用公钥和私钥来避免用户彼此之间泄露隐私信息。一个区块链应用应该支持以下三种目标之一或更多：货币、合约和权利主张。聚焦于货币的区块链应用，性质是电子财务系统，即记录收付款的账本。基于区块链的合约应用通过调用合同条款来发起和记录交易。权利主张的应用旨在第一时间记录所有权的信息。区块链包括公有链和私有链。公有链允许所有人查看账本，使用基于账本的应用，并把自己的计算机设置为账本的记账人角色。私有链则是某个组织机构中存在的，并且此机构拥有其账本、协议和应用。以上的内容阐明了区块链的概念，下面我们来进入区块链用途的原则部分。

第 2 部分
区块链应用

通过采用共享的、不可篡改的分布式账本，我们所在组织的许多应用可以被替代或加强。而且，区块链应用可以用来取代许多如今还在靠人工操作的流程。

本部分将探讨的是区块链应用的大量潜在场景，其中以模式为侧重点。模式是由某一领域产生，且适用于其他领域的模板、概念、想法等。

模式化非常有用，因为它们可以帮我们省去许多工作。例如，当我们进行数据建模的时候，员工、学生和顾客是大多数组织最为关注的群体。这些群体表现出相似的行为（如呼吸和微笑）和相似的属性（如姓名和生日）。我们可以将员工、学生和顾客的行为以及属性概括为"人"的模式。一旦我们理解了"人"的模式，并以此为基础进行模型设计，我们就能够构建出扩展性和完整性更好的数据库，从而涵盖各类人群，如外包商和培训讲师等更加具体的"人"群。

请各位读者记住本书的主题：如果你理解了某种技术背后的概念和原则，你将能够更加灵活地应用这种技术。本书的第一部分已经阐述了这些概念，第二部分将会以模式化的形式介绍这些原则。

区块链中包含三种重要的模式：需求模式、风险模式和流程模式。各模式的具体介绍如下。

需求模式

如果我们理解了需求模式，我们就能将其带入任何行业，帮助我们识别应用场景。区块链的应用场景不计其数，其中以透明度、精简流程、隐私、持久性、分布式这五种模式最为常见。这些模式主要推动着区块链的发展。

本部分将针对这五种模式进行详细阐述，同时在每个章节中将介绍这五种模式在各行业中的实际应用案例，主要涉及的行业（或领域）有金融、保险、政府、制造业、零售业、公共事业、医疗保健、非营利领域、媒介领域等。

我们并不会穷举所有行业或各行业的所有应用场景。读者可能会在阅读以下章节后产生自己的想法，或从我们的案例中得到启发，思考如何在自己的组织中应用区块链技术。

对于这些场景，也许已有开发好的区块链应用可用；而对于有些场景，或许你探索的是一个未知的领域。那么，希望你能成为所在组织或者行业应用区块链实现优化流程的引领者。

构建一个区块链应用的理由必定满足以下五种需求模式中的至少一种：透明度、精简流程、隐私、持久性、分布式。

透明度

透明度的意思是用户、客户或组织可以看到整个流程，而并非只看到流程的最终结果。整个流程都是透明可见的。

例如，你是否知道，市场上 80% 的意大利橄榄油都是假的？即使是摆放在超市里，瓶身标签上都写着"特级初榨橄榄油"或"意大利生产"，其实里面装的也可能是产自其他国家的劣质橄榄油，比如叙利亚、土耳其或摩洛哥。[7]

如果我们无法信任所购买商品上贴着的标签，那么，我们怎么知道这个商品就是标签上说的那样呢？我们当然可以直接从源头购买橄榄油，但要花费的不仅是时间，还要额外支付奔赴意大利当地农场的交通费等等，所以，这不是最好的选择。

那么，更好的选择是，我们有方法能够证明标签上的信息是准确无误的。换句话说，如果生产和供应链流程对我们是"透明"的，即我们能看到商品的产地，就能验证生产商或卖家在商品上贴的标签的信息是否真实可信。

例如，当你在超市购物时，如果你想确认手中拿的特级初榨橄榄油是不是真的，你可以用手机扫描瓶身上的条形码或二维码，某个手机端 App 应用就会显示这瓶橄榄油

---

[7]　http://bit.ly/2oq9aba.

的整个生产流程。比如，显示的流程信息为：被扫描的橄榄油是从普利亚的某个家庭农场开始，并经过一系列环节，最终在该超市里进行销售。

生产流程中的每个环节都被记录在区块链上，为我们提供了不可篡改的账本信息，这便让我们在购物时买得放心，不用再担心买到假冒商品。

透明度可以确认任何重要的特征或信息，如可以显示是否含有麸质、是否有机、是否含花生等信息。透明度给我们带来的全流程可视化功能可以减少腐败、诈骗或浪费，增强信任。各位读者可以思考一下，你所在的行业是否具有未提供任何可视化信息、缺乏利益相关方监控（信任）的流程？

精简流程

精简流程的意思是，通过区块链应用简化流程，使现有流程更加高效，从而节省时间和开支。精简通常会涉及去除中间方、缩短交易时间和简化步骤，交易费用也由此得以缩减。

假设我发明了一种名为"花生酱青蛙"（译者注：美国冰淇淋品牌，这里作者用来调侃）的新口味冰淇淋，我相信这种冰淇淋一定会成功，因此，我开始了漫长的专

利申请的流程。这个流程可能不仅耗时数年，还要花费几千美元。然而，使用区块链注册专利就能对此大为精简——我对这项专利的所有权不仅是不可篡改的，同时，宣布这项专利为我所有也只需几分钟，而非数年。如果你所在的行业也存在这样冗长且复杂的业务流程，可以考虑通过区块链技术的应用，以达到简化流程和降低复杂性的效果。

隐私

隐私的意思是指参与某个流程而不泄露敏感信息的安全保护应用。在区块链上，我们可以使用公钥和地址来表示我们的身份和交易。在这个流程中，像社会保险号或信用卡号这样的敏感信息不会被发布在互联网上。某人可以用比特币购买一勺"花生酱青蛙"冰淇淋，而我们永远也无法知道这个顾客的真实身份。各位读者试想一下，你所在的行业如果存在可能泄露敏感信息的流程，可以考虑通过应用区块链实现对其进行改善的目的。

持久性

信息具有持久性指的是信息以易于访问的格式被永久存储。这样一来，就无须翻箱倒柜，无须搜索各个硬盘和电子表格来查找诸如六年前的文件了。

　　某公司在接受减免税审计时，突然被要求提供三年前员工们举办冰淇淋派对时的花销凭证，若收据保存完整，且该笔开销完整地记录在账本上，则这笔开销就能够被认可，否则就不能。各位读者试想一下，你所在的行业是否也存在这样需要长期存储和调用的文件或交易呢？

分布式

　　分布式指的是许多人或电脑共同参与完成一笔交易。例如，我所申请的"花生酱青蛙"口味的冰淇淋专利权被存储在 20 台电脑上，一场飓风摧毁了其中 5 台，那么，我的专利权仍然是被安全地存储着，不会因为 5 台电脑的损坏而受到影响。各位读者试想一下，你所在的行业是否也存在如有多方参与记录，安全性就会变得更高的场景呢？比如，风险最小化或带来新机遇的场景。

风险模式

　　区块链除了需求模式，还有风险模式。我们可以识别前进道路中的障碍并提出一般解决方案。

合作

　　区块链应用经常要求机构间直接互动，而非与中间方互动。我们都知道要促成组织中不同部门之间良好合作已经十分困难了，而要促成不同组织间的人一起合作更是

难上加难。如果由标准组织来推动合作，倒是有可能实现。

激励

要促进共同合作，必须有激励。如果组织能受益于与中间方的互动，那它们何必选择改变流程呢？例如我们将在第 9 章区块链在媒介领域的应用中讨论版税支付流程。有了区块链，我们在买入版权后的几分钟内就能够把版税付给作者，而不像以前那样要再等 6 个月。但是，对于出版商和经销商而言，在更短的时间内完成版税支付能得到什么好处或激励呢？

改变

尝试新事物必然伴随着风险。我们怎么能确定某个流程会因为使用了区块链而更加合理呢？区块链需要的是一种截然不同的心态——对共享的控制权和透明度要有发自内心的接受和欢迎的心态，而不是一味地追求权力集中化和模糊不清的流程的心态。我们将一些流程和应用突然转换到区块链上可能是令人惶恐的，毕竟改变总是会令人感到不安。

流程模式

在我最喜欢的业务流程类书籍里，作者阿蒂·马哈尔（Artie Mahal）的著作《工作是如何完成的》（*How Work*

Gets Done）当属其中之一。这本书的第 30 页给出了"业务流程"的详细定义和全面深刻的描述。

业务流程可以简单定义为："工作是如何完成的"。通过执行一系列活动或任务，达成事先明确的结果，这就是业务流程。通常这个流程的输入会被转化为输出和成果。

以下对于输入、输出、指南和促成因素的解释摘自《工作是如何完成的》一书的第 56～59 页的内容。如果你想了解更多关于流程的知识，请认真研读一下这本著作。

如图 2-1 所示，流程由事件发起。流程接收的输入会

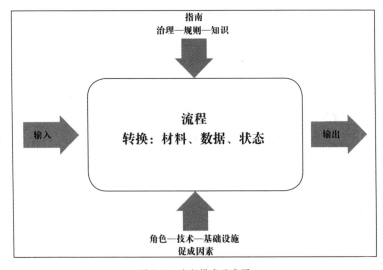

图 2-1　流程模式示意图

转化为输出。这种输出利用指南来管理和控制流程，流程的执行需要提供促成因素（包括人力资源、系统、数据和基础设施），以支持流程的正常执行。

输入是由利益相关方和（或）上游的业务流程提供的。输入可能是原材料、数据或其他由流程转化为输出的资源（产出物等）。输入可能来自组织内部或外部。以买书为例，与消费者、书籍和支付总额相关的数据，只有在用户将其输送给购买流程之后，才会变为可执行的信息。

输入由流程转化为输出。输出是一个流程的交付物和目标。例如，完工的产品生产出来，书被卖出，或保险索赔得到理赔。

指南则通过管理和控制输入的转化过程，使其能产生预期中的输出。输入是由流程消耗或转化的，指南则不同，它仅作为参考，不会被消耗。（译者注：在此处，"消耗"也可以抽象理解为"利用"或"消费"，即经过"消耗"后，被输入流程的原材料、信息等资源的状态会发生变化，如一笔"用户下单买书"的订单输入流程并处理完毕后，这笔购买订单即被"消耗"了，变成了"已完成订单"。而指南即使在流程中被引用或参考多次，其状态也不会发生变化。）

一个组织的促成因素指的是被投入于支持流程的可再用资源。如果把指南比作规则，那么促成因素就是工具。促进因素可分为以下三类。

· **人力资源**。"角色"代表的是执行流程的工作岗位。这是连接人和流程的至关重要的一环。执行流程所需的技能和竞争力用于定义角色职责，最终变成岗位描述。

· **促成性技术**。"技术"这个词涵盖的范围很广，在这里指的是为流程提供技术支持的各种机制，包括业务应用系统、数据存储、IT工具和平台、生产线和一般性工具。

· **配套基础设施**。"基础设施"指的是支撑促成因素发挥功能的各类平台和基础。对于人而言，基础设施包括工作空间、建筑和能源。对于系统而言，基础设施包括硬件、软件和通信平台。

区块链对促成因素的影响

我们此前讨论到了中心权力机构和垄断机构，它们通常在受高度监管的流程中扮演中间方的角色。在许多这样的流程中，我们必须相信这些中间方会准确且及时地完成流程。因此，这些中心权力机构就是流程的促成因素。

此前我们提到区块链最重要的特征之一就是无须太多中间方参与。本书下一个章将讲区块链通常会去除或精简

作为中间方的促成因素，但相关的流程指南保持不变。区块链改变的唯一一点就是规则执行和数据存储的方式。

　　在以下各章中，我们将会结合本概述中提到的几种模式来阐释区块链如何在我们组织的各个领域发挥作用。对于区块链的五种需求流程（透明度、精简流程、隐私、持久性和分布式），我们会挑选涉及不同行业的典型流程作为范例进行详细阐述。在一定程度上理解了整个流程后，我们将探索区块链补充或提升流程的方式。在适当之处，我们还会重点强调风险模式。

第 2 章
区块链在金融领域的应用

透明度

审计流程首要的工作是确定审计范围，包括被审计的单位、流程、部门或者体系。

其次是审计目标的沟通，其中包括确认会计实务操作、精简流程或改进系统效率。

明确范围和目标可以帮助我们聚焦审计所需的资料。审计必须遵从既定的法律、法规和公司政策，见图 2-2。

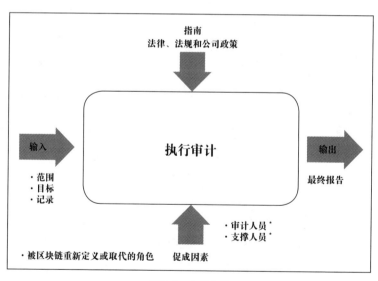

图 2-2　审计流程

为了完成审计，审计师需要投入时间去检查文件资料，在审查资料过程中，被审计单位的相关负责人要予以配合。

一旦审计完结，审计结果将会被记录归档。

这个流程的区块链应用方案包括一个按日期记录审计所需全部资料的账本，以便审计流程变得更为自动化（而不是人为地在多台电脑上搜寻电子数据，或是在纸质文件中翻找）。智能合约可以用于主动地创建实时审计报告并将它们电邮给管理层、监管者和审计师。

当今企业的审计费价格高昂。在 2017 年，平均每小时的审计收费超过了 150 美元，通过区块链的应用，可以大幅压缩成本。[8]

区块链可以通过在电子账本中储存审计相关数据，运用智能合约自动生成定期审计报告，为企业节省几十亿美元的审计费用。

这个流程的区块链应用方案需要审计企业、审计师和税务局的共同合作。

精简流程

为了完成一笔交易的结算，我们需要购买方或者销售方的账户信息和交易细节。银行、投资机构和美国存管信托公司（Depository Trust Company, DTC）都是交易结算的参与方。当一个人发起一个 100 股 IBM 股票的订单时，

---

[8] http://bit.ly/2emHbEU.

除非整个结算流程结束，否则交易将不会被确认，见图2-3。

　　美国存管信托公司对交易能否安全且保密地完成负有最终责任。它在处理和结算公司证券及市政债券交易中扮演一个清算所的角色。除了保管、记录和清算服务之外，美国存管信托公司提供直接注册、承销、重组，以及股权代理和股利服务。[9]

　　作为清算代理机构，这个被信托的中间人需要数天来

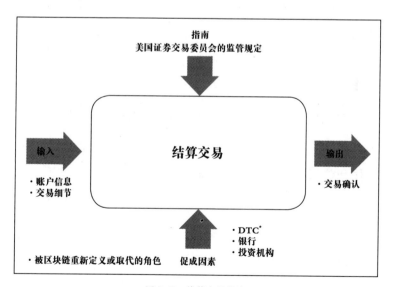

图 2-3　结算交易流程

[9]　http://bit.ly/2Fq2HEc.

确认交易处理的有效性。所有和美国存管信托公司的沟通都在经纪商、银行和结算中介中完成，它们又各自扮演相关处理环节的中间人。我在华尔街工作时，我们将交易结算时间从五天缩短为三天，就已经是一个巨大的进步了。

在 2014 年，交易结算的时间从三天缩短为两天，但这依旧是相当漫长的。同时，它也是极为昂贵的，全球的金融业为了结算交易，每年的花费超过了八百亿美元。[10]

通过使用区块链技术，同时，移除或者重新定义美国存管信托公司在上述流程中的角色，交易可以缩短到十分钟，且只需花费几分钱。

此外，与交易相关的所有细节将会被储存在电子账本中，而不是使用比较昂贵的存储归档方式（包括纸张）。

目前有数据表明，在这个领域搭建区块链应用已投入了大量的资源。但是，要想获得成功，还需要银行、投资机构和美国存管信托公司的通力合作。

隐私

内部交易是指掌握证券的重大信息和非公开信息的人买入或卖出该证券的行为。内部交易分为合法和非法两种，具体取决于内幕者什么时候进行交易。当重大信息未公开

---

[10] http://bit.ly/2Dlhzy1.

时进行交易就是非法的 [11]。举例来说，如果某人掌握了极
有可能让 IBM 股价猛涨的信息，而且他们在信息公开之前
买入 IBM 股票，就是非法的交易。然而，如果他们公开信息，
或者直到信息公开之后才购买 IBM 股票，就是合法的（见
图 2-4）。

　　区块链应用可以用于减少内幕交易。一个人（或者让
某人）可以轻松地通过区块链匿名发布信息，而且这个信
息一经发布就会被永久记录。发布者可以立即合法地买入

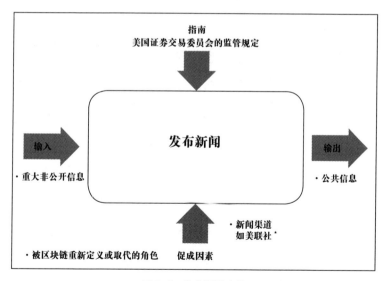

图 2-4　发布新闻流程

---

[11]　http://bit.ly/2FCpw7D.

或卖出该股票，因为交易是在信息发布后进行的，可以避免不透明交易现象。

但由此带来的问题是，匿名发布的信息可能为假新闻的传播创造了机会，这些假新闻看起来会和真的一样，在互联网上或使用其他媒体传播。[12] 想象一下，如果有人发布关于 IBM 的假新闻，而这些假新闻将会如何影响 IBM 的股价。

持久性

当有人卖出股票时，通常会有收益或损失，同时，必须要做税务报告。几年前，我换了新的经纪公司，并把股票转到其下。当我交易这些股票时，我需要在税务申报表上填写我的资本收益。然而，由于这些股票是我在很久以前买入的，这就导致我花了好几个小时才找到当时的纸质交易文件。即便如此，我还是很庆幸自己仍保留着这些文件。

一个区块链交易系统将在每次买卖交易时进行记录。此外，使用了智能合约来发起交易的资本收益汇总表，将使整个资本收益计算过程自动化，这将节省人们查找历史文件的时间，并减少纸张的使用（见图 2-5）。

---

[12] http://bit.ly/2H71xiC.

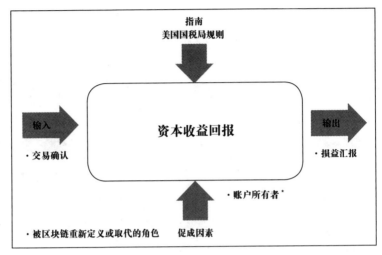

图 2-5　资本收益回报流程

分布式

众筹是通过汇集许多人的小笔投资为一个项目筹集资金的过程。如今有一些众筹平台为众筹提供便利，比如 Kickstarter 和 Indiegogo。

区块链允许公司在没有这些中介的情况下进行众筹。初创公司可以在区块链中创建自己的数字货币；这种货币相当于公司的股票，可以卖给投资者（见图 2-6）。

Swarm，Koinify 和 Lighthouse 等初创公司，已通过使用区块链应用筹集了数百万美元的资金。[13]

[13]　http://bit.ly/2mURgOD.

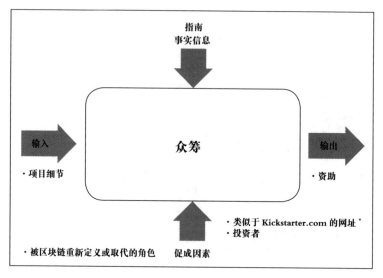

图 2-6　众筹流程

第 3 章
区块链在保险领域的应用

透明度

当有人提出理赔申请后，保险公司必须进行调查，以确保其中不涉及欺诈。区块链可以用来存储和查阅相关文件，比如，医疗记录、警方报告和事前的理赔申请记录等，进而监测和减少欺诈行为的发生。

由于区块链是不可篡改的，故而在链上按日期存储的以往状况记录是可信的。比如，一辆车有过很大凹痕且已经进行了理赔，那么，这个凹痕是理赔记录的一部分，理赔经纪人就可以在链上查阅这些不可篡改的历史记录，确认该凹痕在之前就已经存在。

区块链也可以用于监测其他类型的保险欺诈（见图3-1）。假设某人的体检报告保存在一个账号下，当他更换了保险公司后，区块链可以保证新的保险公司有权限进入这个账号，并查看之前已存在的健康问题记录，以防恶意骗保行为的发生。

然而，某个保险公司无法独自做到这点，因为这依赖于各保险公司能否将相关信息分享，用于欺诈事件的检查。同时为了实现这一目标，保险公司和其他政府监管等机构的合作也是必不可少的。当然，它们必须遵守《健康保险携带和责任法案》（*Health Insurance Portability and*

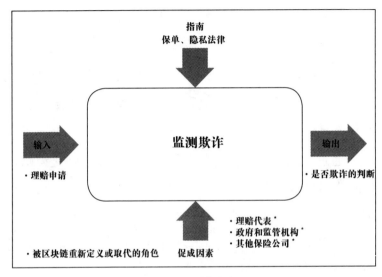

图 3-1　监测欺诈流程

Accountability Act, HIPPA）等隐私法律。

精简流程

你曾经申请过保险理赔吗？这种痛苦，你如果体验过，应该是刻骨铭心的。那需要打长途电话，多次转账，接听多次售后服务电话，就像看牙医一样"享受"。区块链可以自动发起索赔流程，从而取代打电话和理赔代表反复沟通、交涉的过程。

结合物联网和区块链，比如，可以将智能合约安装到车载系统。如果车主出了车祸，智能合约通过传感器监测到，即可发起理赔流程，甚至可以自动发起预约修车。还有一个例子是航班保险，有个创业团队为航空保险公司做了一个应用程序，当航班取消或者延误时可以自动对客户进行理赔。没有冗长的索赔流程或者理赔代表的复杂参与，所有事情都是自发的。

通过区块链技术精简流程最大的问题在于缺乏激励。保险公司付给客户赔款的周期会变短，这是很多保险公司不一定喜欢执行的事情。不过从另外一个角度看，理赔案件可以更快了结，这也算是一个好处，因为理赔案件的处理时间越长，保险公司为其支付的相关费用就会越高（见图 3-2）。

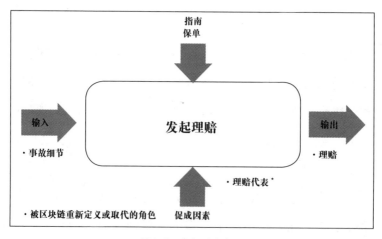

图 3-2　发起理赔流程

隐私

有时，在确定了索赔决策后还会发起上诉申请。几年前，在飓风"桑迪"事件发生后，我经历了这个过程。保险公司起初给我支付了非常少的赔偿金额，都不够支付一半的维修费用。于是，我请索赔理算师做了很多的相关研究，最终保险公司支付了与维修费用差不多的理赔金额。整个过程只能用煎熬来形容。

通过区块链，索赔理算师或者投保人，可以查阅同一地区内多个保险公司的历史理赔案件，从而做出更明智的理赔决策。这样可以让理赔代表能够方便地获取这些信息，并给出更为准确的原始理赔金额（见图 3-3）。

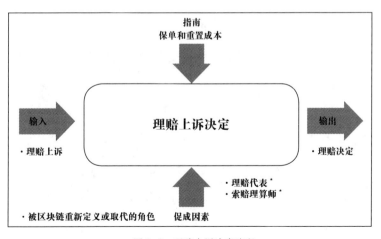

图 3-3　理赔上诉决定流程

跟之前的流程一样，最关键的问题是过渡到区块链后保险公司可以得到怎样的激励？索赔理算师又可以从中获得什么？毕竟，使用区块链进行理赔申请后，理赔的过程就变成商品类型的服务，这样会增加理赔调解界的竞争，最终削低了索赔理算师的报酬，提高了保险理赔的效率，这两方面的结果，对理算师和保险公司不一定是有利的。

持久性

产权保险费是购买房产时一笔很大的支出。产权保险是抵押机构要求房主购买的保险，以保护房产产权不受留置权的影响。留置权是对不动产或者动产的一种抵押，用来清偿因法律实施而产生的债务或者义务。[14]

产权保险公司会对房产进行调查，以确保该房产没有留置权。它们之所以会提供保险是因为它们相信没有"意外惊喜"，比如，前房主失散已久的表亲证明自己有该房屋的所有权。

我之前搜索了自己名下的房屋所有权，被依赖于纸质文件且极易出错的烦冗流程吓到了。

如果所有权信息都可以被存储到区块链上，这个流程会更加自动化（见图3-4）。这样，消耗的时间会更少，

---

[14] http://bit.ly/2DWaQ2S.

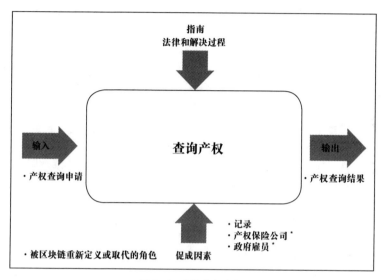

图 3-4　查询产权流程

也会增加其准确性。如此一来，就不再需要购买产权保险了。

分布式

裁决是保险行业的一个阶段，是将理赔事项与保险金或者保险范围对比后，决定支付或者拒绝理赔的阶段。[15]

区块链可以验证理赔流程并使其自动化（见图3-5）。理赔和保险单之间的对应规则可以通过智能合约嵌入区块链。例如，如果有一条规则是一辆汽车只能由被

[15]　http://bit.ly/2ExERHd.

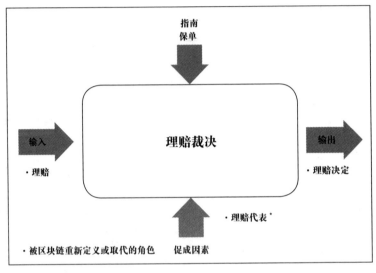

图 3-5　理赔裁决流程

许可的技工修理，那么，我们就把这条规则写入智能合约。其他规则也可以被写入，比如，禁止同一个索赔者对同一个事件重复提出索赔，或者确保索赔是针对有效的保单等规则。

对于轻微交通事故来说，可以让索赔人将拍好的车辆照片通过网络上传到区块链应用。该应用会验证索赔人的信息，确保其是有效的投保人。

理赔代表通过在线上查看这些照片并批准理赔，然后，触发智能合约自动支付赔偿。

第 4 章
区块链在政府领域的应用

投票
区块链
强大的中介
文件柜

透明度

当前，那些专注于证明某项事物真实性的文书和服务（诸如公证服务、执照、许可证等），太过依赖于认证的过程。这需要大量的人力，容易出错，而且成本相对较高。

专注于认证的区块链应用会将实际的事件、文档和日期信息一并记录下来（见图 4-1），这份不可篡改的记录册为事实上的存在提供了证明。有了这个相对简单的工具，我们就可以在认证的过程中去除或重新定位政府机构和中介（如公证人）的作用。

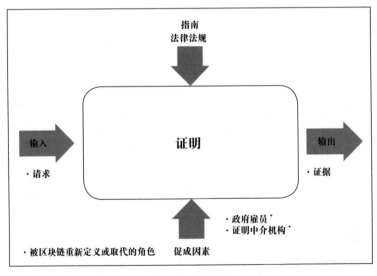

图 4-1 证明流程

比如，现在有一个叫作虚拟公证人（Virtual Notary）的服务，它提供了一种认证证书。这份证书可以是一封邮件、声明或合同的哈希值。它支持任何格式的文件存储，如微软的 Word，PDF，JPG，甚至 PPT 格式。

一个用于认证的区块链应用能使"存在证明"和"所有权证明"变成一个更加自助的过程。如此，现今一些由政府或认证机构提供的服务，公民们完全都可以使用智能合约来执行完成。

精简流程

最近，我不得不去县里的档案大厅查找一些历史档案，整个过程花了大量时间和人力。而且，我还看到档案馆为了存放档案，使用了很大的空间，分门别类地存放着各种类型的、大尺寸的红色文件夹，里面甚至包含了可以追溯到 1794 年的纸质记录！

区块链应用程序可以使公民更便捷地访问公共记录（见图 4-2）。就像前面介绍的关于透明度的内容中所提到的区块链应用场景一样，公共档案可以在不依赖政府中介的情况下很容易地被获取。

特拉华州正将其州档案记录全部迁移到区块链上。[16]

---

[16]　http://bit.ly/2DtTXPV.

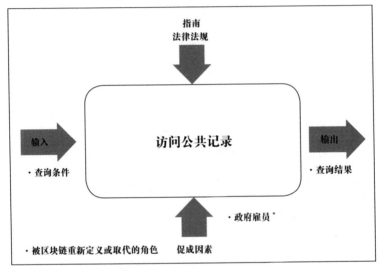

图 4-2 访问公共记录流程

同样，几个国家，还有迪拜酋长国，也将它们的文件存储和检索系统迁移到了区块链上。[17]

提供存储和公共记录检索的区块链应用，等同于一个分布式的、易于访问的内容管理系统。

隐私

如今大多数的电子投票系统都是中心化的。因此，开发投票软件的公司起着强大的中介作用，从理论上来说是有可能影响选举结果的。

[17] http://bit.ly/2FL5rMH.

有了区块链，我们不再需要笨重的投票机器和软件。投票记录都被记录在不可篡改的账本中，并可以通过智能合约进行自动计票（见图 4-3）。

一个名叫 "Follow My Vote" 的初创公司正在研发首个基于区块链技术的在线投票软件。[18]

将投票过程迁移到区块链上的最大挑战来自固化思维模式的突破。正如其他任何新的选举过程一样，大多数选民更愿意按照他们习惯的方式进行投票。为了更好地改变

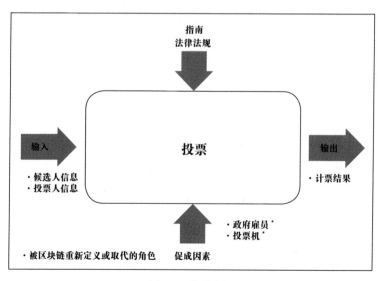

图 4-3 投票流程

选民的传统投票方式，区块链应用研发团队就要为选民提供简单的用户图形界面，以及简短的培训教程。

持久性

目前购买不动产（比如，房子或土地）的过程需要消耗大量的纸张，且容易出错。过程中涉及多方参与，如房产中介、房产局、银行等部门的职员。由于涉及的人员多、资金大、周期长，不动产交易变得极为烦琐。

区块链应用可以通过一键操作实现相关文档的存储，并使其成为不可篡改的格式，从而为用户提供帮助。智能合约可以被当作流程管理工具来使用，在一个任务完成的同时快速启动新的流程。而这种工作流程类型的应用，让区块链来做是再合适不过的了（见图4-4）。

包括土地登记、违建、产权等在内的文件可以被存储在区块链账本中，以便于查阅。为防止腐败和不正当行为的发生，加纳正在尝试使用区块链技术实施土地登记。[19]

瑞典现在正在研发一种利用区块链进行房地产交易的系统。如此一来，买卖双方和金融机构就可以跟踪购买房产的整个过程。[20]

---

[19]　http://bit.ly/2BfWFU0.
[20]　http://bit.ly/2nvTgtw.

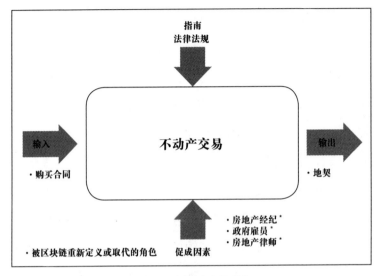

图 4-4 不动产交易流程

分布式

在我家附近有一个小镇，那里停车很是麻烦，因此，许多停车位都安装停车计时器。人们把钱充到计时器里，只有当计时器里面有钱才允许临时停靠；否则，如果停车超时，就会被罚款。

最近，我也曾在那里停车。当时，我只有 50 美分硬币，只能停 40 分钟。但我和朋友聊天却用了近一个小时，所以，在聊天的过程中，我除了急着把车开走以外，还担心是否会因此而收到罚单。

区块链应用程序无疑可以在上述停车过程中起到作用。某个用户把车停在停车位上，在离开的时候只要扫描二维码（其代表该用户的数字资产地址），就可以按照停车时长支付停车费，无须提前进行充值（见图4-5）。这样一来，人们再也不用把时间浪费在操作计时器上，或担心充值费用不够而被罚款。

同样，如何设计激励机制是我们需要加以关注的。要给市政机构什么样的激励机制才能驱动它们改用区块链计时器应用呢？目前，许多城镇的罚单收入相当可观，而有了这个应用，罚单会被完全取消。当然，由于警察不必再监控停车计时器，这部分的成本也会被节省下来。

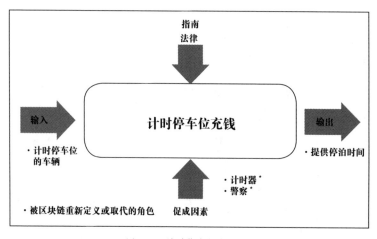

图4-5　计时停车位充钱流程

第 5 章

区块链在制造业和零售业的应用

透明度

我们可以利用区块链来追踪产品从原材料到成品的溯源信息，还可以追踪包裹运输的沿途轨迹（见图 5-1）。

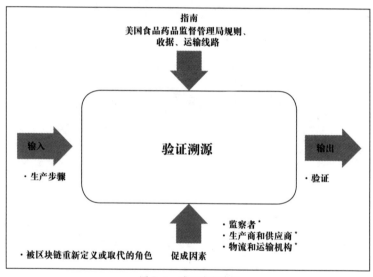

图 5-1　验证溯源流程

在生产过程的每一个环节，我们都能在账本中记录产品的特性和责任方信息。这些特性可以包含有机食品、农场养殖、环境保护、犹太洁食、清真食品、无麸质、可循环利用材料、可再生能源生产等。产品的责任方是指那些在生产或流通过程中负责一个或多个生产流程的，或者负责某段运输的企业或个人。

掌握过程中每一步的信息具有很多益处。比如，当你在餐厅里点了一份野生三文鱼，那你就可以追踪到这条三文鱼是在哪里捕捞的，以及它是否来自一个可持续的绿色环保环境；当你买了有机胡萝卜，就能知道它的种植农场。

了解食材从捕捞到上桌的追溯历史的想法听起来可能会有点理想化，但其实不然，这一理想在今天已经可以实现了。Viant 公司和世界自然基金会已经合作开发了一个区块链应用来实现这一目的。[21]

关于溯源的区块链应用也体现在运输领域。货物的提货人可以查看状态信息，海关官员也可以获取运输信息。

在区块链账本里，集装箱、货物托盘和拖车都可以与记录了货物抵达、离开和监管权转移的智能合约关联起来。

海运国际有限公司（Marine Transport International Ltd.）是一家位于英国的货物承运商，正在利用区块链实现这一功能。区块链技术替代了很多只是放在某个人桌子上的表单和各类文档。

该公司的首席执行官乔迪·克莱沃思（Jody Cleworth）

[21]　http://for.tn/2CxD5rb.

将区块链称为运输领域的完美搭档，因为这个领域涉及诸多参与方、供应商、监管组织之间复杂信息的整合和传递。[22]

提货单就是一种关于运输信息追踪的典型代表。提货单是运输链条中从一段运输到下一段运输的所有权证明，例如，从出口商到运输商，再到进口商。在区块链上存储这些信息可以获得很多益处。

若将运输这个概念延伸一下，有一系列的区块链应用探索活动正在开展，旨在更好地追踪运输过程中的踪迹数据。全球区块链货运联盟（Blockchain in Transport Alliance，BiTA）有很多运输领域的成员，他们的工作涵盖从行业标准的制定到区块链行业应用案例的研发等。[23]

区块链在溯源领域应用的一个最重要的挑战就是初期区块链应用的建设和数据采集等成本的投入。一个有效的流程要求生产和运输环节的众多组织，以及相关政府部门的参与和支持。但愿全球区块链货运联盟能够持续发挥作用，促使相关组织参与进来，并确保流程变得更加顺畅。

精简流程

如果能买一个仍然在质保期的产品，并且将其质保权

---

[22] http://on.wsj.com/2dhvLQk.
[23] http://bit.ly/2BHNlx9.

自动转移给您，岂不乐哉？这个产品的范围可以是从一个烤面包机到一辆汽车。而区块链就能让这个过程无缝衔接。通过存储质保信息，产品的销售活动就能自动触发一个智能合约，将产品的质保权快速、便捷地转移到买家名下。

现在有一种名为保证人（Warranteer）的区块链服务，消费者能在上面存储购买到的产品的质保信息，也可以在产品卖出时将质保权进行转移（见图 5-2）。

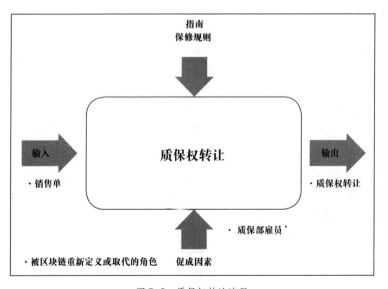

图 5-2　质保权转让流程

隐私

现在，当我们在网上购物时，我们的支付信息（如信用卡号）和我们的名字与地址一起，会被存储在某处。而区块链会隐藏所有这些信息，只显示公钥和地址。这样一来，我们的交易过程就变得更加安全了（见图5-3）。

我们在网购时就不用担心我们的身份信息被泄露，同时，各种机构也不必为使用信用卡或贝宝（PayPal）支付高额的手续费，我们可以用如比特币的电子货币来完成小额支付活动。

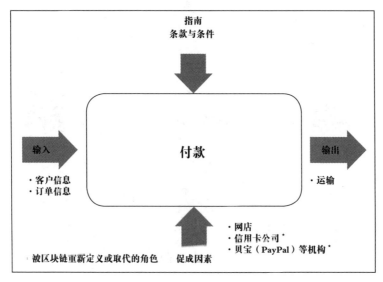

图 5-3 付款流程

持久性

多年前，我曾经购买了一副钻石耳环作为送给太太的生日礼物。当时，为了省钱，我花费了大量时间研究钻石，并花费了好几天时间在曼哈顿钻石店街区进行选择，且反复和销售员讨价还价。我太太后来不小心弄丢了其中的一只，于是我又花了九牛二虎之力帮她买了一只与之前比较接近的耳环。去年夏天她又弄丢了另外一只，最近我又花了很大的力气帮她重新购买一只。

除去与那些谈判技能比我专业得多的钻石销售员讨价还价所引发的情绪起伏，另一部分压力源于担心我买的钻石并非如销售员所说的那样具有较好的品质。因为一页所谓的权威机构鉴定证明是可以随便写的，所以，它的权威性和可信度太低。鉴定证明上可以显示这颗钻石的重量是1.2克拉，即便实际上它只有0.99克拉。同时，珠宝商还可以在钻石颜色和透明度上造假。

区块链已经被应用到贵金属和钻石领域，主要用来提高信息的透明度，以确保买家购买到的钻石诚如销售员所述（见图5-4）。这不仅能提高大家对钻石购买过程的信心，还能让我们更加有道德感。很多钻石是在有冲突的地区进行开采和交易的，而且这些钻石即将被用于资助战争和腐

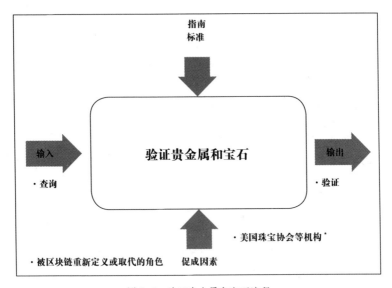

图 5-4 验证贵金属和宝石流程

败。基于区块链，买家就可以了解到他们考虑购买的钻石是不是这种传说中的"带血的钻石"。

布鲁斯·克利弗（Bruce Cleaver）是戴比尔斯集团（De Beers Group）的首席执行官，这家公司控制了世界上 35% 的钻石市场。[24] 据布鲁斯·克利弗说："钻石价值永恒久远，代表着人生中最有意义的时刻。所以，保证钻石的唯一性和真实性至关重要。运用区块链技术，我们可以为消费者和行业参与者提供额外的保障，把每颗钻石信息都注册在

---

[24] http://bit.ly/2eFSoDX.

平台上，并让这些记录和钻石本身一样恒久。"[25]

在分级流程中，戴比尔斯集团会为每颗超过 0.16 克拉的钻石铭刻上唯一的识别码。这个识别码可以基于区块链进行交叉验证。

钻石是永恒的，区块链账本也同样是永恒的。

鉴定一个物品并提供完整的、防篡改的溯源信息不只用在钻石方面，还可以用在其他贵重物品上，如黄金、名表、艺术品、古董等。这些溯源流程目前还是用传统的方式运作，通常是基于纸质文件，这样的话，真实信息就很容易被伪造或篡改。

在贵重金属鉴定上使用区块链的一个挑战是，必须有一个值得信赖的中间方为该物品提供验证信息（作为一个促成因素）。例如，当戴比尔斯集团在钻石上铭刻信息时，它就是在扮演提供区块链应用服务的可信中间方的角色。

分布式

除了钻石，我们还可以验证其他收藏品的真伪和状态（见图 5-5）。我以前是一个棒球卡收藏者。在 20 世纪 90 年代初，整个棒球卡收藏产业都沉寂了，直到现在也没能再恢复过来。这其中的一个重要原因就是伪造棒球卡太过

[25]　http://bit.ly/2rrnB3E.

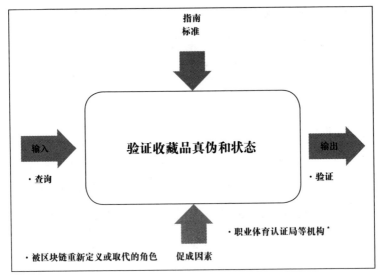

图 5-5　验证收藏品真伪和状态流程

容易。

　　有几家组织负责认证棒球卡，例如，职业体育认证局（Professional Sports Authenticator，PSA）。但不幸的是，认证过程价格不菲，同时，有些人认为这样的过程主观因素较多且容易出错。

　　如果每个棒球卡都可以带有一个含小型二维码的塑料识别卡，以代表它的区块链地址，那么，扫描这个二维码，即可获取棒球卡的状态和其他重要信息，以便辨别其真伪。

第 6 章
区块链在公共事业领域的应用

透明度

在很多国家中，公共事业服务是为全国老百姓提供服务的关键领域，影响国计民生和社会发展。我们使用电灯、计算机和各种家电，以及做饭用的天然气灶等能源消耗设备，根据其所耗费的电或燃气，每月都会收到来自电网公司的电费单或天然气公司的燃气缴费单。不过，监管机构正将公共事业服务市场向更多的公司开放。新技术（如智能电表、区块链和物联网传感器读数）与替代性能源（如太阳能、光能、风能）结合起来，降低了这些公司参与竞争的准入成本，让消费者有更多能源来源渠道的选择（见图 6-1）。

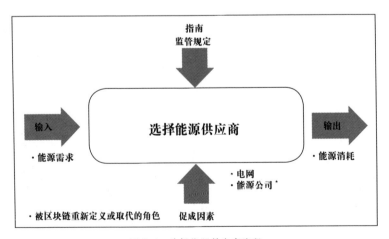

图 6-1　选择能源供应商流程

区块链应用能够存储传感器传输的数据，而传感器会精确测量能源的使用量和时间。这会协助消费者做出更明智的能源选择，并全面了解耗能情况和能源来源等重要因素。

精简流程

当公共事业网络中的一个设备损坏了，经常会有某个地区的个人或组织因服务中断而报障。例如，如果一棵倒下的树导致电线损坏了，通常是由受影响的居民来电说明电力中断问题。

如果我们能够将物联网传感器技术与区块链相结合，有待维修的设备（或邻近的设备）可以启动智能合约并记录问题事件（见图 6-2）。在该应用场景中，区块链可以作为一个去中心化的账本，分布在不同地理位置的设备都可以写入信息，而消费者代表和维修团队由此可立即做出判断并及时给予响应。

Filament 这家初创企业正在澳大利亚内陆地区的电线杆上部署传感器设备来实现这个目标。当一根电线杆将要倒下时，它就会使用运动传感器通知旁边的电线杆。如果后者没有将这个事件记录在账本上，那下一根电线杆还是会这么做，以此类推，传达范围可达 10 英里（16 余千米）。有成千上万的智能电线杆通过不同的传感器收集数据，并

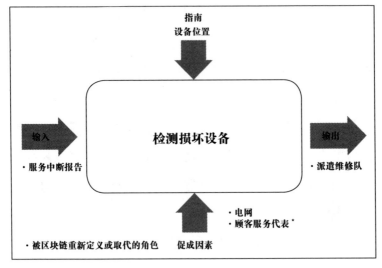

图 6-2　检测损坏设备流程

将其发送给其他设备，区块链应用程序将持续不断地监控着所发生的一切。[26]

隐私

我拥有一辆电动汽车，当我在开车旅行时，充电的过程并不总是那么简单或对个人隐私进行了保护。我有时候觉得，当我接入充电站时，"老大哥"正在监视我，并知道我在哪里。虽然我确实有时候会在手机上开启定位服务，但有时候我还是倾向于不被追踪。

---

[26] http://for.tn/1rNTCOG.

　　通过区块链，充电时在账户中所产生的信息可以被加密，因此，车辆可以在无须透露身份或位置等隐私信息的情况下进行充电（见图6-3）。

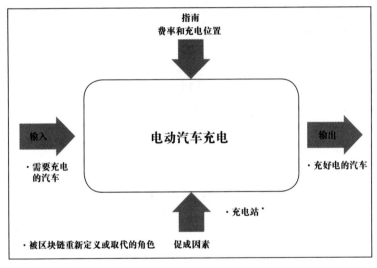

图 6-3　电动汽车充电流程

持久性

　　传感器数据和其他物联网读数可以被存储在区块链上。因为这些数据是难以篡改的，所以科学家和环保组织可以很容易追踪环境的长期变化（见图6-4）。

　　还有，智能合约可以触发警报。例如，当臭氧层某个特定区域的浓度超标时，一个紧急警报则被自动发送到政

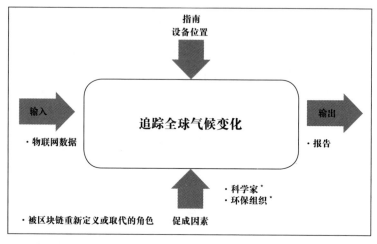

图6-4　追踪全球气候变化流程

府相关部门，以便及时发现，并适时采取应对措施。

对环境行动组织而言，获得未被篡改的、真实的数据，意味着从老百姓和政府那里获取支持变得更加容易。

分布式

在本章节的开始部分所介绍的透明度例子表明，消费者在能源供应商的领域有了更多的选择。而这里，我们探索的是，能源供应商的角色会发生的变化。

通过区块链应用程序，任何拥有发电设施的人都可以向电网供电（见图6-5）。例如，楼顶上装有太阳能电池板的户主能向电网出售自己的富余电力，同时，销售和会

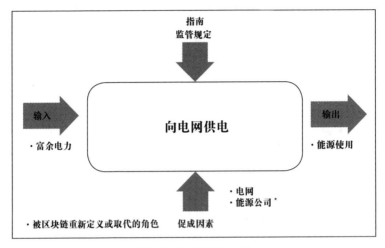

图 6-5　向电网供电流程

计记录则会在区块链上执行。

　　现在，Solar Change 正通过发行自己的货币（SolarCoins）来实现这个目标，它可以用于交换能源。美国纽约布鲁克林的 Microgrid 也在通过一个社区微电网做类似的事情。居民在楼房顶部装设太阳能发电设施进行发电，并通过区块链技术便利地进行交易。因此，类似于这样的应用实例，现有的能源基础设施可以充分发挥其作用，产生的能源通过利用区块链账本来提供记录和会计服务，实现简单、便捷的交易活动。[27]

[27]　ttp://bit.ly/2nSogqx.

第 7 章
区块链在医疗保健领域的应用

透明度

临床试验是一个漫长的、易出错的（有人称容易出现腐败现象的）且非常昂贵的过程。此时，可能会存在一些能让人受益的有价值的药品，但这些药品可能要等待很多年（直到临床试验结束后）才可以使用。

在美国，一共分为三个临床试验阶段。阶段一是评估药品的安全性，相对来说很快就能完成，只需要几个月。阶段二和阶段三，则需要很多年。阶段二需要通过一段时间来检测药物作用的效果，并且会涉及几百人。阶段三是一个大规模的试验，有时会牵涉到上千人。

区块链应用可以被用来记录这些试验的结果，这样可以为药物试验的结果提供不可篡改的记录（见图 7-1）。除此之外，智能合约可以向一些重要测试结果的利益相关者发送提醒。

这个案例也与前面的大部分案例相似，初期的成本投入和来自其他机构的合作将会是一个很大的挑战。除非现有的法律发生改变，否则即使通过区块链技术，药物获准上市还是要花很多年。然而，由于区块链是不可篡改的，数据的可信度会更高，与今天使用的严重依赖于纸质文件的流程相比，记录和报告的成本会变得更低。

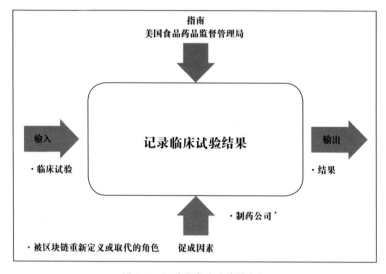

图 7-1　记录临床试验结果流程

精简流程

比如在疾病暴发和自然灾害发生时，结合比特币等数字货币，资金可以被很快转移到有需要的国家或地区，旨在提供危机援助的区块链应用可以让个人和机构捐款，不会受到因银行等中介机构而导致延迟（见图 7-2）。新兴市场中，大多数公民持有手机，因此，他们能够很容易接收数字货币。

以后，甚至可能出现只能用于特定范围物品上的独特数字货币。比如，一些数字货币只能花在食物上，而不

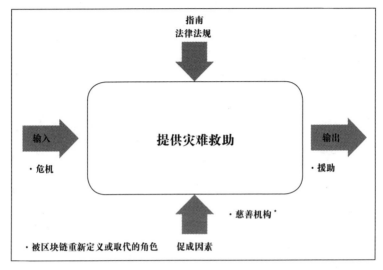

图 7-2　提供灾难救助流程

是烟草上，这种机制与许多发达国家现行的"营养补充援助计划"相似。

隐私

当医疗人员和保险公司想要访问患者记录时，会涉及许多隐私的问题。

通过使用区块链账本来存储电子医疗记录（Electronic Medical Record, EMR），可以让医生、药房和保险公司能够在征得患者同意后查看记录（见图 7-3）。所有信息将通过公钥和区块链地址来公开。

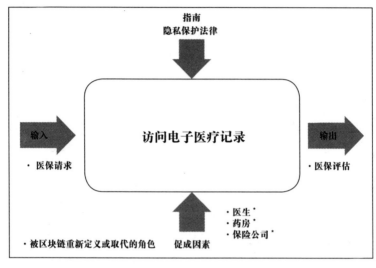

图 7-3　访问电子医疗记录流程

　　然而，在这个过程中会存在一个挑战，那就是要确保不违反诸如《健康保险携带和责任法案》之类的患者隐私保护法律。患者需要调用智能合约，授权专业的医疗人员或机构访问他的电子医疗记录。

持久性

　　区块链应用可以储存每个病人的医疗记录（见图7-4）。如果发生与医疗事故相关的法律诉讼，那么，所有的证据都是不可篡改且很容易被获取的。这可以节省法律费用，减少不必要的诉讼。

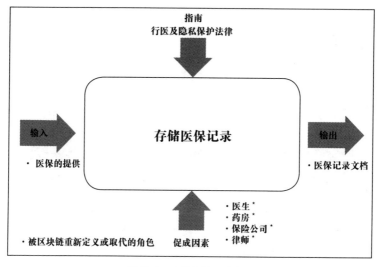

图 7-4　存储医保记录流程

当然，在这种情况下，与其他机构合作会具有一定的挑战性。这需要法院先将这种文档形式视为不可争议的证据。一旦有了这样的先例，用区块链账本来存储健康记录将会在未来得到更广泛的推广。

分布式

区块链应用可以被用来快速判断一种疾病是否正在广泛传播。医疗专业人员可以在区块链账本中记录相关症状，同时，政府也能够就此快速做出反应（见图 7-5）。

智能合约可以被用作一种预警触发器。比如，某些地

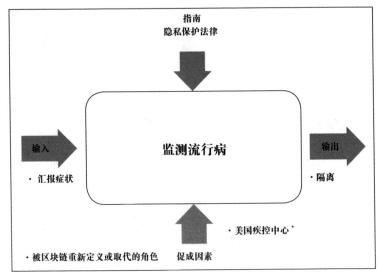

图 7-5　监测流行病流程

区报告一种疾病的症状之后，疾病控制中心立刻收到警告
信息。

第 8 章
区块链在非营利领域的应用

透明度

你是否曾经想过，有多少捐款真正流向了需要救助的人？庆幸的是，有一些类似于公益慈善评级机构（Charity Navigator 和 Charity Watch）的网站，通过它们的监督，我们能够看到有多少捐赠款流向了需要救助的人群，又有多少被注册的慈善机构的管理层纳入囊中。让我们惊讶的是，现在有许多慈善机构的高管们正享受着百万年薪。

通过区块链应用，款项可以直接捐赠给慈善机构，并追踪是否直接流向受惠人群（见图 8-1）。透明性使得追

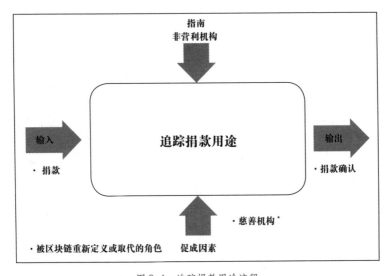

图 8-1　追踪捐款用途流程

踪一笔捐赠款是否被需要救助的人接受成为可能。这样不仅能够节省慈善管理经费，也会提高捐赠者的信任度。

如果一个捐赠者看到他 80% 的善款进了慈善机构人员的腰包，那么，他们非常可能选择捐赠给其他慈善机构。

另外，因为慈善机构知道捐赠者可以很清晰地了解自己所捐款项的来龙去脉，所以，慈善机构就无法将部分捐款私吞囊中，这无形中对慈善机构起到了重要的监督作用。同时，慈善机构的人员工资及各种成本开销也会相对比较透明，这样他们就会主动节省成本花销。

精简流程

当人们捐款的时候，款项通常会通过一个像西联汇款或信用卡的中介来实现转账。如果使用区块链应用，这笔捐赠款可以不再需要通过此类中介，而直接汇款到慈善机构（见图 8-2）。

因交易本身而产生的相关成本，在使用区块链应用技术之后将变得微不足道。同时，大多数捐赠款将流向真正需要它的人。Sean's Outpost 是我曾用过的首批区块链应用之一，它旨在向佛罗里达州无家可归的人提供餐食。

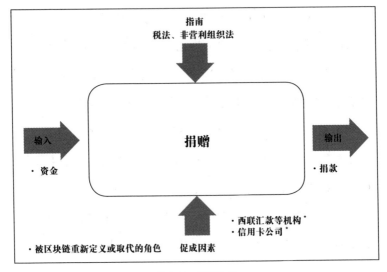

图 8-2 捐赠流程

隐私

有些时候，捐赠者并不想被人认出来，只想默默无闻地做一些慈善。这些匿名捐赠可以很容易地通过区块链的公钥或地址来实现。这些捐赠可以直接到达需求方，并且捐赠者也不需要公开身份（见图 8-3）。

然而，因有可能存在潜在的利益冲突，这项技术的应用仍面临诸多挑战，而这些挑战并不是区块链技术本身所能够左右的。例如，一个建筑公司通过区块链向某位政客捐赠了一笔大额竞选资金，并借此希望该政客一旦竞选成

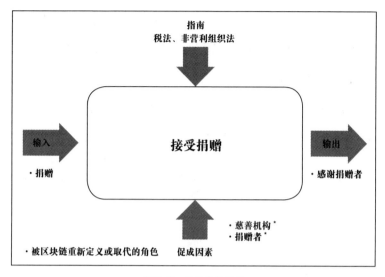

图 8-3　接受捐赠流程

功,通过自己的权力给予该建筑公司一些项目方面的帮助。

持久性

我们家积攒了一小堆证明曾经捐赠过的纸质凭证,这是慈善机构感谢我们捐款的信件和收据。慈善机构制作、邮递、管理所有这些凭证,以及捐赠者收藏和管理这些凭证,都是耗时费力的事情,并且人工记录又是一个极易出错的过程。保存这些纸质凭证还需要占用空间,另外,如把这些纸质凭证逐张扫描为电子文件,仍然需要消耗时间,也有丢失的风险。

区块链账本可以提供一个不可被篡改的捐赠记录，作为凭证使用（见图 8-4）。因此，如果一个捐赠者要被审计，他可以用区块链账本作为捐赠证明的凭据。同样地，像美国国税局这样的税务机关，也可以通过查阅这个账本来证明捐赠事件是否真实发生过。

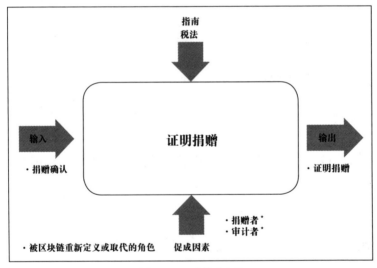

图 8-4　证明捐赠流程

分布式

区块链中的智能合约可以用来发起对慈善机构的小额捐赠（见图 8-5）。小额捐赠是一个数目非常小的捐赠，可以是 1 便士（相当于人民币 1 角）或 10 便士（相当于人

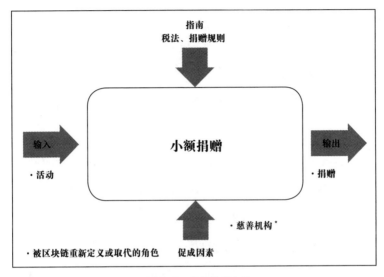

图 8-5 小额捐赠流程

民币 1 元）。然而，每笔捐赠都能起到作用；大量的小额捐赠汇聚在一起，甚至可以产生巨大的影响。

今天的小额捐赠需要以面对面递交现金的方式实行，以避免支付额外的信用卡费用和手续费，毕竟这些费用可能会让小额捐款的数额减少，甚至趋近于零。那些拿着水桶在红绿灯前等待别人投入硬币的消防服务志愿者，就是一个以面对面方式来收集小额捐赠的好例子。

区块链应用可以使捐赠和接收这些小额捐款变得更加容易。有一些事件以前可能与捐赠无关，但现在就可通过智能合约的方式来发起，例如：

· 一名雇员戒烟了，他随即向所在企业的健康中心捐了一笔小额捐款；

· 每销售一本书，出版方会向特定的慈善机构捐 0.25 美元；

· 当学校篮球队赢得比赛，父母们会面向家长教师组织（Parent Teacher Organization, PTO）给教师们捐款。

我参加过一个区块链科技培训课，在我完成课程之后，该培训机构向我经常捐款的慈善机构做了一笔小额捐款。这种简单的行为让我感觉很好，同时也可能会提升该培训机构的公众形象。

第 9 章

区块链在媒介领域的应用

透明度

不管您是否相信，记录歌曲、数字艺术或其他数字作品的著作权都需要经过复杂且成本高昂的处理过程。同时，著作权还需要通过政府知识产权部门的审核。

区块链的天然特性非常适合记录数字作品的著作权，因为数字作品可以生成哈希值并与日期信息一起被存储在不可篡改的账本上。以记录的信息为依据，对于作者所创造的作品具有很好的保护作用，可以避免其他人辩称他们在此之前就已创作了该作品（见图9-1）。

现如今已有许多公司使用区块链技术来提供此类服

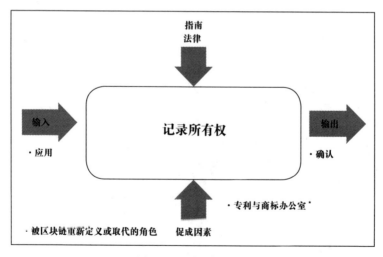

图9-1 记录所有权流程

务。比如，Ujo 就是一种基于区块链技术构建的版权数据库和支付基础设施。它通过使用智能合约来确认创意作品的著作权。

即使只修改歌曲中的一个音符，也会改变歌曲的哈希值。修改后的歌曲，将被视为另一首新歌。正因如此，区块链技术可以减少该领域的抄袭和复制。

但这也存在一定的风险。例如，有人拿别人的歌曲，只稍微改动一两个音符，并在区块链上将其登记为自己创作的新歌，此人也会收到一个新的哈希值。那么，原作者想要证明这首所谓的新歌是抄袭了他的原创作品，但由于只知道抄袭者的公钥，所以，要抓住抄袭者还是比较困难的。

精简流程

我在管理一家名叫"技术出版（Technics Publications）"的出版社。我们已经出版过 100 多本书，大多数是关于数据管理领域的。

每过 6 个月，我们都需要向作者支付版税。版税是指按书籍净销售额的一定比例支付给作者的酬劳。1 ~ 6月的书籍销售额，我们将在 7 月支付版税；而 7 ~ 12 月的销售额，我们将在次年 1 月支付版税。

我们通过直销和代销来运营版税，并形成报告。直销是指我们通过官网或者书店签售会的形式直接向大众消费者出售图书。代销是指通过其他公司进行代理销售，比如亚马逊、苹果或者谷歌公司等。我们每周、每月或每个季度都会收到代销报告。

　　在我们公司，有两名员工专门负责将直销和代销的销售明细录入订单系统。根据作者与出版社在图书合同中所约定的版税比例，系统先结合上述销售明细生成版税报告，再根据版税报告分别向各个作者付款。现有的版税流程过于依赖人工处理，平均每年要耗费五天。

　　我们可以将区块链技术引入这一流程（见图 9-2）。一个

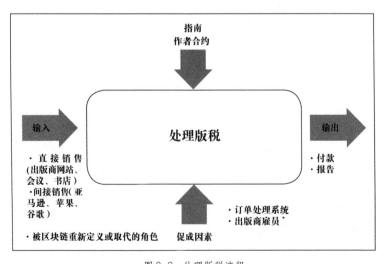

图 9-2　处理版税流程

区块链应用程序可以释放这两名员工，让他们能把时间花在更高效的事务上，而不再需要一周（或更长时间）来整理代销商的销售报告。图书一旦在亚马逊这类代销网站上卖出，智能合约就会将该笔销售情况通知我们，并自动付款给作者。

这笔销售记录如可以存储在区块链账本上，同时，智能合约会按图书合同所约定的规则给作者支付版税。版税可以用数字货币（比如比特币）支付给作者，也可以向传统银行账户或者贝宝账户发起付款。

对于作者而言，使用区块链技术的好处是，整个版税支付流程完全透明可见，并且支付几乎是实时的（无须像先前那样要等待六个月）。对于出版社来说，这也省时省钱。比如，可以省去每年两名员工花五天来专门处理版税的时间和成本。

要实现这一切，有个前提是代销商首先愿意将销售记录实时发送给我们，我们才可以通过智能合约给作者支付版税。但除非亚马逊这样的代销商愿意采用类似的区块链流程，并先支付给我们相应的资金，否则我们在给作者支付版税时，仍可能还得先行垫付资金。

当一本书卖掉时，如果代销商通过智能合约实时付款给我们，我们稍后也可以用智能合约将版税支付给作者，如此，整个模式就可以良好运行了。

隐私

让我们用另一个视角来看上面的版税处理场景。作者们经常使用笔名，而非真名，因为笔名可以保护作者的真实身份。比如，当作者不想让读者知道其性别时，就可以使用笔名。但是，出版社是知道作者真实身份的。

如果版税流程应用区块链技术，即使对出版社，作者也可以使用笔名，这样就几乎做到完全匿名了。

举个例子，如果一位知名作家写了一本题材非常不合规的书，他不确定这本书的反响如何。这个时候，使用笔名就可以保护他的真实身份。

持久性

对于著作权、商标权、知识产权等被侵害的维权流程旷日持久，且所花费的成本也相对较高。

正如我们上面所讨论的那样，一个区块链应用程序可以用于鉴证"所有权证明"——所鉴之物可以是歌曲、书籍，也可以是有争议的艺术品。一旦某人的数字产品生成了对应的哈希值并被记录在区块链账本上，这意味着所有权这件事会变得相对容易，且与之相关的费用便会大幅降低（见图9-3）。

举个例子，现在有家叫作 Monegraph 的公司，让艺术家将自己的作品登记在区块链上并进行销售。而 Monegraph

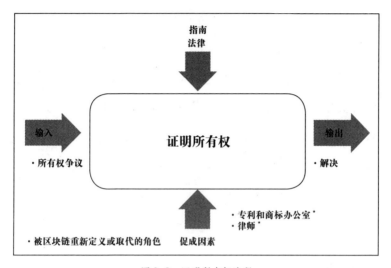

图 9-3　证明所有权流程

负责验证这些作品的所有权。

但这种方式有个明显的缺陷：在原创作者将其作品登记上链之前，其他人可以盗用其作品抢先登记上链，并宣称自己就是原创作者。在这种情况下，真正的原创作者如要证明自己对某个已被登记完成的作品拥有所有权，就会变得异常困难。

分布式

艺术家、音乐家和作家们可以通过区块链应用程序直接售卖作品，并且可以完全绕过出版社（比如像我们的出版社）。

　　由于区块链可以用于发行数字货币，理论上每个音乐家都可以发行自己的货币（见图9-4）。粉丝可以去购买艺术家发行的货币，如果艺术家变得越来越受欢迎，其发行的货币也会相应升值（译者注：国内只有央行能够发行数字货币，目前央行已推出数字货币）。

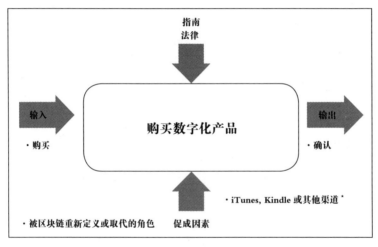

图 9-4　购买数字化产品流程

　　这种模式其实在一家叫作 PeerTracks 的公司的业务中已经实现。PeerTracks 提供的服务可以让艺术家发行自己的个性化代币，还可以自行决定发行数量。这些个性化代币可以卖给粉丝，代币的价格完全由市场供需关系决定。[28]

---

[28]　http://bit.ly/2C1Giei.

　　歌手伊莫金·希普（Imogen Heap）和小提琴家佐伊·
基廷（Zoe Keating）正在用区块链来售卖他们的音乐作
品。这种方式可以绕过知名的中介，例如苹果的音乐软
件 iTunes 或者目前比较流行的音乐软件 Spotify。伊莫金
解释了智能合约的概念："基本上就是一个包含固定指令
的小程序，指令是关于如何分配款项的……你可以在区块
链上永久储存。当有付款到达时，智能合约就会说：'我
们'收到了一笔钱，其中的一部分应该给税务机关，一部
分应该给我们的捐赠者，另一部分应该给我们的工作室
……" [29]

---

[29]　http://bit.ly/1KSxuaf.

第 3 部分

区块链的影响

在经过对前面几章虚构和实际的区块链应用案例的探索后，我们现在需要转向数据管理部分的介绍。本书第三部分总结了数据管理方面被普遍接受的 11 个领域，以及区块链对其中每一项的影响。这通常意味着在每一领域中 IT 与业务专业人员责任的扩展内容。

《DAMA 数据管理知识体系指南》（第 2 版）（DAMA-DMBOK2）提供了每部分的参考内容。DAMA-DMBOK2 涵盖了最详尽的数据管理的一般描述。本书则从 11 个数据管理领域简单介绍了数据管理的通用功能，并探究了这些数据管理领域之间繁多复杂的关系。因此，本书是用来检验新技术（比如区块链技术）如何对数据管理的每个一般性领域产生影响的最佳工具。

DAMA-DMBOK2 实质上把 11 个领域科目总结为 DAMA 轮图，见图 3。

DAMA 轮图定义了数据管理知识领域（也称"域"）。轮图将数据治理置于这些领域中心，因为每个功能与其他功能之间的一致性需要数据治理来保障。其他的知识领域（例如数据架构、数据建模与设计）在轮图中也得到了很好的平衡。它们是成熟的数据管理所需要的，但可以根据组织机构的需求，选择在不同时段来实施。

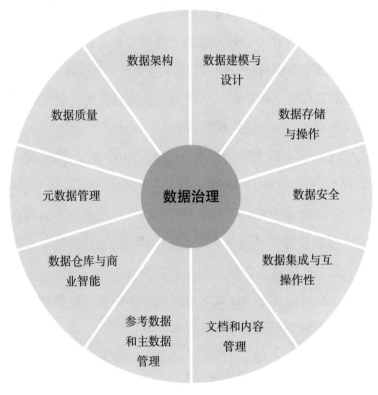

图 3   DAMA 轮图

在后续章节的学习过程中，每章学习一个数据管理领域。通过对每个数据管理领域通用知识和基于区块链特殊功能的学习，我们可以看到采用区块链技术为主流数据管理技术时，数据管理的角色与职责将如何发生变化。

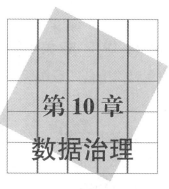

第 10 章

数据治理

本章概述 DAMA-DMBOK2 关于数据架构的内容，然后介绍区块链在组织中良好运作所需要附加的数据治理职责。

DAMA-DMBOK2 中的数据治理内容概述

数据治理（Data Governance，DG）的定义是在管理数据资产过程中行使权力和管控，包括计划、监控和实施。所有组织中，无论是否有正式的数据治理职能，都需要对数据进行决策。建立起正式的数据治理规程，有意向地行使权力和管控的组织，能够更好地增加从数据资产获得的收益。

总体而言，数据管理的驱动力是确保组织从其数据中获得价值，而数据治理则侧重于如何制定与数据相关的决策，如何要求参与数据工作相关的人员，以及如何制定与数据相关的流程。

每个组织都应采用一个能够支持其业务战略，且易于在自身文化背景下取得成功的治理模型，同时还要确保治理模式随着时间和实际情况的变化而不断演化。不同的治理模型随着组织结构、正式程度和决策方法的不同而不同。例如，有些治理模型是集中式组织开展工作，有些则是分布式组织实施。因此组织应根据自身情况，选择

适合自身特点的模型。

数据治理组织还有可能是多层结构的，这主要是为了解决企业内不同层级的组织（本地组织、区域组织和企业级组织）遇到的数据问题。目前，一些复杂的组织为了细化治理工作职责和提高决策效率，强化监管程度，成立了多个数据治理委员会，每个委员会的目的和监督程度有所不同。

表 10-1 描述了几个典型的、在数据治理运行框架内可能会建立的委员会。

表 10-1　数据治理组织及其描述

数据治理组织	描述
数据治理指导委员会	组织中主要的数据治理的最高权威组织，负责监督、支持和资助数据治理活动。由跨职能的高级管理人员组成。 通常根据数据治理委员会等的建议，为数据治理发起的活动提供资金。该委员会可能会反过来受到来自更高级别组织或者委员会的监督。
数据治理委员会	管理数据治理规划（例如，制度或指标的制定）、问题和升级处理。根据所采用的运营模型由相关管理层人员组成。
数据治理办公室	持续关注所有 DAMA 知识领域的企业级数据定义和数据管理标准，由数据管理专员、数据保管人和数据拥有者等协调角色组成。

续表

数据治理组织	描述
数据管理团队	成员聚焦于一个或多个领域、项目，与项目团队在数据定义和数据管理标准方面进行协作、咨询，由业务数据管理专员、技术数据管理专员或者数据分析师构成。
本地数据治理委员会	大型组织可能有部门级或数据治理指导委员会分部，在企业数据治理委员会的指导下主持工作。小型组织应该避免这种复杂设置。

区块链应用附加的额外职责

数据治理增加了组织内数据的可信度。在许多业务流程中，中央权力机构需要证明其数据是可信的。因此，许多中央权力机构在数据治理上投入了大量的资金。

我创办了一家出版社，且担任总经理职务，我的出版社就是许多出版商业务流程的中央权力机构，我还是作者和书籍元数据的数据管理员。这些出版社管理的数据必须正确，否则，会导致我对书店、发行商和作者失去信誉。我还是稿酬信息的数据管理员，如果这些信息的准确性遭到质疑，我将会很快失去作者们的信任。

即使在我的出版业务中引入用于处理版权费的区块链应用程序，即使这使得我的出版社不再是中央权力机构了，我仍然是版权费信息的数据管理者。我仍然负责定义

和确保所有版权费规则的数据质量。例如，作者鲍勃获得了 12% 的版权费。即便区块链使版权费流程变得更快、更透明，我仍然最终要为鲍勃获得的 12% 的版权费负责，而不是为他支付 8% 或 15% 的版权费。

由此可见，区块链应用的引入，不仅不会取代数据治理中的任何活动，反倒为保证区块链的可信性，增加了从事数据治理工作人员额外的工作和职责。

跨组织应用数据治理

数据治理主要在企业内不同层级的组织内发挥作用。如果将数据治理工作扩展到跨组织或跨行业又会如何呢？区块链应用程序将会通过跨越组织边界来使数据治理更加复杂和有趣。您所在组织的数据治理指导委员会可能需要定期与参与同一区块链计划的其他组织的委员会共同举行会议。例如，几个保险公司想要合作构建一个区块链应用程序以减少欺诈行为，他们就需要制定一致的数据治理策略，以确保合作机构之间数据的准确性。

再举一个例子，某位顾客在亚马逊上购买了一本书，通过一个智能合约，十分钟后作者收到了版权费。我们对"书"之类的术语是否有一致的理解呢？对"退书"这个词的概念理解是否一致呢？如果客户将一本书退还给亚马逊，我们如何确保作者的版权费也被退还了呢？此外，从税收的角度来看，我们还必须确保出版商和作者不将这种产生了退书操作的图书销售看作只产生了税收的交易。

当区块链应用程序跨越组织边界时，就可能需要跨组织的或整个行业级的数据委员会的存在。

认知管理

将数据作为资产进行管理，是否还应包括被存储内容的技术认知（译者注：这里指合法性）管理呢？

有许多使用区块链技术构建的应用程序在公众中的认知度很低。

例如，丝绸之路（Silk Road）是一个用户可以在上面使用比特币匿名买卖非法物品的网站。由区块链赋予的匿名伪装使那些心怀叵测的人能够在隐藏身份的情况下进行商业活动。

此外，当我们读到有关最新的勒索软件实施攻击的新闻时，我们会发现罪犯通常都会要求被勒索的一方使用比特币等数字货币进行付款，这使得罪犯更难被抓捕。

要想改善人们对区块链的认知，数据治理指导委员会可能需要与市场监管部门合作并参与他们的工作。

规则审核

区块链应用程序使用智能合约来实行协议、标准和合约中罗列的规则。

那么，我们如何知道这些规则被正确执行了？

被编程到智能合约中的规则，必须经过数据治理的审核，以确保这些代码正确地阐释了智能合约中的规则。规则审查同时适用于企业和政府组织。让我们再次回到版权费的例子中。即使区块链应用程序成功地将版权费转给了特定作者，但如果错误的版权费百分比被编码到了智能合约中，那么作者收到的金额也会是错误的，从而导致核算和信誉的问题。

审查数据治理规则还包括确保智能合约（以及它们与人工智能或物联网等其他技术的交互）不会引起道德问题。例如，假设一个智能合约基于多种因素来确定汽车保险费率，包括 Fitbit 传感器读数。传感器的读数可以展示出投保人昨晚是否有足够的睡眠；如果投保人连续几天睡眠不足，则他们的汽车保险费率就会上升，因为他们在方向盘上睡着的风险会随之增加。消费者可能会对这样的保险加息提出质疑，将其上升至道德和法律问题。因此，数据治理可能需要与法律部门紧密合作。

第11章

数据架构

本章概述 DAMA-DMBOK2 关于数据架构的内容，然后介绍区块链在我们的组织中良好运作所需要附加的数据架构职责。

DAMA-DMBOK2 回顾

架构是构建一个系统（例如，可居住型建筑）的艺术和科学，以及在此过程中形成的成果——系统本身。用更加通俗的话讲，架构是对组件要素有组织地设计，旨在优化整个结构或系统的功能、性能、可行性、成本和用户体验。

"架构"这个术语已经被广泛接受，用于描述信息系统的重要设计部分。在国际标准 ISO/IEC/IEEE 42010：2007 系统和软件工程——架构描述中，将架构定义为"系统的基本结构，具体体现在架构构成中的组件、组件之间的相互关系，以及管理其设计和演变的原则"。

但是，根据不同的上下文语境，"架构"一词可用于指代下面不同的情况：

· 系统当前状态的描述；

· 一组系统的组件；

· 系统设计学科（架构实践）；

· 一套系统或一组系统特意的设计（未来状态或建议

的架构）；

　·描述系统的成果（架构文档）；

　·负责设计工作的团队（架构师或架构团队）。

架构设计工作通常在组织内的不同层面（整个企业、业务方向、项目等）开展，并聚焦于信息系统的不同层级（基础架构、应用架构和数据架构等）。

企业架构中包括不同类型的架构，如业务架构、数据架构、应用架构和技术架构等。良好的企业架构管理有助于组织了解系统的当前状态，加速向期待状态的转变，实现遵守规范、提高效率的目标。数据（以及存储和使用数据的系统）的有效管理是架构学科的共同目标。

数据架构的构件包括当前状态的描述、数据需求的定义、数据整合的指引、数据战略中提及的数据资产等。组织的数据架构是指不同抽象层级设计文档的完整统一的集合，这些主要的文档设置了如何收集、存储、排列、使用和删除数据的控制标准。

最为详细的数据架构设计文件是正式的企业数据模型，包含数据名称、数据属性和元数据定义、概念和逻辑实体、关系，以及业务规则等。

数据架构如果能够完全支持整个企业的需求，才是最

有价值的。企业数据架构是实现整个企业数据标准一致及数据整合的保证。

区块链应用带来的附加责任

数据架构师负责系统、系统的内部组件、组件之间的关系、与外部环境间的关系、指导其设计和发展的原则等方面的基本组织。许多区块链应用程序将会扩展到组织以外的环境中去，这要求数据架构师进行更广泛的思考，甚至到行业层面。

重新定义"企业"

区块链应用的架构师面临的最大挑战将是"企业"一词的含义比组织更广泛。传统上，企业（也称为组织范围）限定了数据架构师的范围。但是现在，数据架构师可能要对组织外部的环境负责。"企业"几乎可以指任何事物，范围涵盖整个行业或整个生态系统。

一个公司的架构师需要与其他公司的架构师合作，以确保一致的优先级和服务水平。例如，如果我们正在运用区块链技术构建一个交通运输应用，在交通运输过程中涉及的所有组织则都需要参与架构讨论，以确保系统内的一致性。如果"账单"一词在一个组织中的含义不同于另一个组织，则必须在构建应用程序之前解决这个问题（在数据治理指导委员会的协助下）。

强调标准

在 20 世纪 90 年代，许多数据架构师在应用程序定义方面举步维艰。例如：

·什么是数据仓库？

·什么是操作数据存储？

·什么是数据集市？

·暂存区域与集成区域有何不同？

这些问题在许多组织中仍然存在，但是，区块链引入了新的术语和新的体系结构。所有这些附加的条款和原则也必须在组织内进行统一标准化和规范化。

甚至"区块链"一词也可能令人困惑。区块链是最下面的一层吗？是链本身吗？仅仅是一个分类账吗？只是一个协议吗？是所有层吗？回顾本书，"区块链"被定义为最底层，"区块链架构"是指所有层。

像"比特币"这样的术语也同样混乱，就比特币是货币还是商品达成共识可能需要几代人的时间。

另外，在任何给定的行业内还需要定义许多标准。区块链金融标准联盟目前正在把区块链应用在金融行业，全球区块链货运联盟把区块链用于运输行业，电气和电子工

程师协会为物联网制定区块链标准。我们需要更多这样的行业团体来制定更多的标准。

做出更多决策

区块链要求架构师做出更多决策。例如，需要回答以下问题：

- 该应用程序是否应该在区块链上开发？
- 该申请将成为货币、合同或索赔申请吗？
- 它是私有链，还是公有链？
- 如果是私有链，应该由单个组织或团体管理吗？
- 总共需要多少个记账节点？
- 决定需要多少个记账节点？

重要的是，要有指导方针，以便在回答有关区块链这类问题时做出一致的决定。

第 12 章

数据建模与设计

本章概述 DAMA-DMBOK2 一书中关于数据建模和设计的内容，然后介绍为使区块链能够在组织内正常工作所需要的数据建模和设计附加的工作职责。

DAMA-DMBOK2 回顾

数据建模是通过数据模型来发现、分析和界定数据需求范围，并以精确形式表示和传达数据需求的过程。

数据可以用许多不同的模式来表示。其中最为常用的模型有六个，分别是：关系模型、多维模型、面向对象模型、事实模型、时间序列模型和 NoSQL 模型。按照明细，这些模型有三个层次：概念模型、逻辑模型和物理模型。每个模型都包含一套组件。这些组件的示例包括实体、关系、事实、键和属性。模型构建完成后，需要对其进行审核，一旦审核通过，则需要对其进行维护。

数据建模的目标是确认和记录不同视角对数据需求的理解，从而使应用程序与当前和未来的业务需求更加紧密地结合在一起，并为成功地完成广泛的数据应用和管理活动奠定基础，如主数据管理和数据治理计划。良好的数据建模会降低支撑成本，增加未来需求重复利用的可能性，从而降低构建新应用的成本。数据模型是元数据的一种重要形式。

数据的概念模型代表高层面的数据需求。作为相关概念的集合，它只包含指定领域或者功能范围内的业务实体，并对每个实体及其实体之间的关系进行描述。

例如，如果我们要创建一个关系型的概念数据模型来描述学生与学校之间的关系，那么，它可能看起来如图12-1 所示。

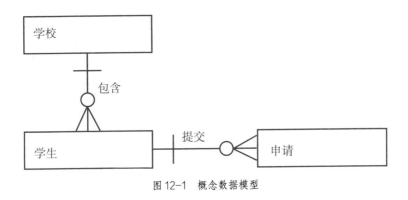

图 12-1　概念数据模型

每个学校可能包含一个或多个学生，每个学生必定来自一所学校。另外，每个学生可以提交一个或多个申请，每个申请则必定由一个学生提交。

关系线表示关系数据模型上的业务规则。例如，学生鲍勃可以选择去读县高中或皇后学院，但在申请特定大学时不能同时就读于以上两所学校。此外，一个申请必须由一个学生提交,而不能由两个学生提交或者没有学生提交。

　　数据的逻辑模型是数据需求的详细表述,通常针对特定的使用,例如某些应用需求的设计,即需要考虑上下文和具体的环境情况。逻辑模型仍然独立于任何技术或特定的实现约束。逻辑模型通常基于概念模型的扩展。

　　在关系型逻辑模型中,通过添加属性来扩展概念数据模型,可以通过遵守范式将属性分配给实体,如图12-2所示。

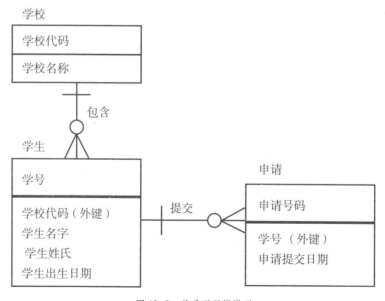

图 12-2　关系型逻辑模型

数据的物理模型（Physical Data Model, PDM）代表了具体的技术解决方案。逻辑模型通常作为起点使用，然后结合一套特定的硬件、软件和网络工具进行适配。数据的物理模型是基于特定技术而设计的。

图 12-3 展示了基于关系型数据的物理模型范例。在此数据模型中，学校已被降范式到学生实体表中，以适应特定技术需要。无论何时有学生（模型）被查询时，他们的学校信息也会按照相同的方式被查询。因此，与具有两个独立的结构相比，将学生和学校信息设计到一个表中进行存储是一种更有效的结构。

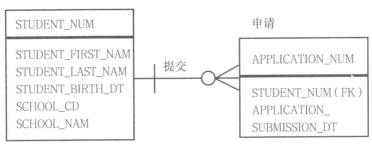

图 12-3　物理模型

区块链应用带来的附加责任

"数据建模人员负责发现、分析和界定数据需求，然后以精确形式表示和传达数据需求，这被称为数据建模。"

　　这些数据需求可以在概念、逻辑或物理层面上分别表示。概念和逻辑层面与技术无关，但是物理层面依赖于技术实现。因而，无论数据是存储在 Oracle、Teradata、Hadoop，还是在区块链分类账中，概念和逻辑模型都可以洞察业务需求和相关术语。这样，概念模型和逻辑模型在构建时，不需要考虑应该怎样去存储数据。

区块链如何改变游戏规则？

管理关键字

　　数据建模人员负责捕获和记录候选关键字。候选关键字作为一种属性（或者一组属性），可用于标识实体实例。例如，候选关键字"客户编号"可用于识别客户，如鲍勃和玛丽。

　　候选关键字必须是唯一的、稳定的和强制性的。"唯一"意味着不可存在重复的值，例如，学生编号不可有两个相同的值"123"。"稳定"意味着关键字一旦被分配，就永远无法更新键值。"强制性"意味着每个实例必须始终有键值，在那些属于候选关键字的属性中，永远不能有 null（在计算机中具有保留的值）或空值。

　　在每个实体中，候选关键字之一必须指定为主键。主键是代表着实体与其他实体关系的候选关键字。

在实体的一对多关系中，一旦从某个一侧实体到另一个多侧实体建立关系，该实体在一侧实体的主键将作为多侧实体的外键被继承。例如，"申请"实体中的"学号"是"学生"实体的主键。在数据库中，这主要用于实现表连接，以实现多表关联。

未被选择为主键的候选关键字称为备选键。主键和备选键具有唯一性、稳定性和强制性的相同属性。

我们可以将备选键添加到我们已存在的逻辑数据模型中，如图 12-4 所示。

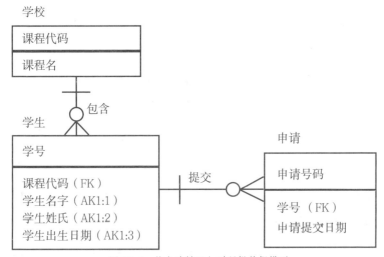

图 12-4 将备选键添加到逻辑数据模型

　　这里，我们让三个属性共同构成学生实体主键，分别是学生名字、学生姓氏、学生出生日期，当候选关键字中有多个属性时，被称为"复合"候选关键字。在这里，我们对这三个属性使用了备选键。

　　返回先前的物理数据模型，并为构成备选键的字典添加标识，我们得到如图 12-5 所示的模型。

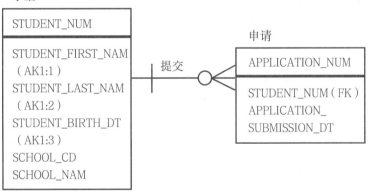

图 12-5　数据建模

　　数据建模人员必须在该模型上表示区块链的特定密钥。学生和申请将具有私钥、公钥以及基于公钥的多个可能的区块链地址。

　　因此，每个实体有许多附加密钥供建模人员进行管理和指示。此外，维护逻辑模型和物理数据模型之间的映射关系可能是一个挑战；所有这些附加密钥仅在物理数据模型上显示，这会使映射过程变得复杂。

跳过概念和逻辑层建模

数据建模人员经常面临着快速交付物理数据模型（或者低成本交付）的压力。此外，项目经理和敏捷团队很少看到概念和逻辑数据模型的价值，直到后继系统运维和数据管理出现了很多问题，乃至于为之付出了很多额外成本，才能深刻体会到概念模型和逻辑模型的重要性。

当基础数据库是非关系型时，比如基于图的数据库或基于文档的数据库，跳过两个必要的模型层进行建模，压力就更加明显。

区块链也适合这种非关系类型的结构。因而，建模人员可能会面临仅设计分类账的需求（并希望在概念和逻辑层记录的需求会跳过概念和逻辑层的设计，而直接出现在物理层中）。

正向和逆向工程

基于物理数据模型自动生成脚本，并创建关系数据库对象非常简单，此过程称为"正向工程"。读取关系数据库对象并自动生成物理数据模型的过程，称为"逆向工程"，也同样简单。通常，只需在我们的数据建模工具中单击几下按钮，即可创建数据库结构或物理模型。

但是，如果数据库是非关系型的，自动实现正向或逆向工程，则是非常困难或者不可能实现的。造成这种困难的主要原因是非关系型数据库中的概念层在我们的建模工具包中没有相应的符号。举个例子，在文档的数据库中，直到最近，嵌套数组在我们的数据建模中都没有合适的符号予以支持。

区块链还引入了我们的数据建模符号或数据建模工具中尚不存在的新概念。例如，是否存在一类数据模型符号用来表示公钥或私钥，类似于用符号表示主键或备选键？

随着时间的推进，数据建模人员将要再次扩展数据建模工具的功能及符号集，以便支撑区块链数据库的正向和反向工程，使这个过程实现自动化。

强调逻辑模型

逻辑模型是数据需求的详细表述，并且独立于任何技术。因为可以参考逻辑模型来确认需求或业务规则，所以，对于参与区块链开发的每个人来说，逻辑模型便成为非常强大的沟通传达工具。

例如，保险业的一种应用场景是确保仅在保险公司实际拥有该保单的情况下才可以支付索赔。这些规则是通过逻辑数据模型展示的。开发人员可以在区块链应用中使用这些规则或者强化它们，就像在任何应用中一样。不同之处在于，区块链的特殊要求并未被设计到逻辑模型中，因而，该模型仅用于沟通和传达业务需求，而并非用于自动生成数据库结构。

第 13 章

数据存储与操作

本章概述 DAMA-DMBOK2 一书中关于数据存储和操作部分的内容，然后介绍在我们的组织内运用区块链技术时所需要的数据存储和操作的附加职责。

DAMA-DMBOK2 内容回顾

这一部分包含存储数据的设计、实现及支持，从数据创建、获取到销毁的整个数据管理生命周期中最大化数据的价值。数据存储与操作包含两个子活动，具体内容如下。

·**数据库支持**。主要关注与数据生命周期相关的活动，从数据库环境的初始搭建，到数据的获得、数据备份，再到清除数据。它还包括要确保数据库性能状态良好。监控和优化数据库是确保数据库性能良好的重要活动。

·**数据库技术支持**。包括定义满足组织需要的技术需求，定义技术架构、安装和管理技术，并解决与技术相关的问题。

数据库管理员在数据存储和操作两个方面都扮演着重要的角色。数据库管理员这个角色，是数据专业中最常见也是被广泛接纳的角色。数据库管理实践可能是数据管理实践领域最成熟的。在数据操作和数据安全方面，数据库管理员也发挥着主导作用。

　　组织依赖它们的信息系统来运营业务。数据存储与操作活动对于依赖数据的企业来说至关重要。这些活动的主要驱动因素是业务连续性。如果某个系统不可用了，企业运营可能受到损害，甚至完全停止运营。为 IT 运营提供可靠的数据存储设施，可以最大幅度地降低中断的风险。

　　CAP 定理（也叫"布鲁尔定理"）是集中式系统朝着分布式系统的方向发展而提出的（Brewer, 2000）。CAP 定理表示，分布式系统必须在各种属性（要求）间进行权衡。

　　·**一致性（Consistency）**。系统必须一直按照设计和预期运行。

　　·**可用性（Availability）**。所有请求发生时系统都保持可用，并对请求做出响应。

　　·**分区容错（Partition Tolerance）**。偶尔发生数据丢失或者部分系统故障发生时，系统依然能够继续运行，提供服务。

　　CAP 定理阐述，在任何共享数据的系统里，这三项要求最多只可能同时满足其中两个。

区块链应用带来的附加职责

　　区块链技术中的账本就是数据库。数据库管理员需要将数据架构师和数据建模师紧密团结起来，以便成功构建和支持区块链账本。

满足性能要求

回到 CAP 定理，我们通常只能从一致性（C）、可用性（A）或分区容错（P）三个特性中选择满足两个，不可能实现三者同时满足。可是，对于区块链来说，这三个特性可以全部满足。我们可以构建一个区块链应用，通过很多个记账节点（译者注：在区块链的世界里人人记账，这里的记账节点相当于 EOS 的超级节点）提供较好的完整性，这也就满足了一致性要求。因为区块链系统是分布式的，所以，它自然就满足可用性和分区容错的要求。如果其中一些记账节点发生故障，起不了记录作用，剩下的记账节点仍能确保区块链系统继续运行。

但全部满足三个要求的代价是性能折损。区块链应用可能非常慢，因为所有的检查都需要由记账节点来完成，需要耗费时间（和资源）来确保交易是准确的，并且要确保没有一笔交易会尝试欺骗系统。

性能指的是特定时间范围能处理的交易的笔数。举个例子，比特币（译者注：当前最成功的区块链应用），当前能达到的最大性能是每秒 7 笔交易。相对而言，VISA 信用卡系统，通常每秒处理 2000 笔交易，最大性能可达每秒

10000 笔交易。[30]

　　数据库管理员必须将性能和其他限制因素进行平衡，比如需要确认一笔交易所需的记账节点的数量。需要越多的记账节点来确认一笔交易，性能就会越差，但是这笔交易有效的机会就越大；使用越少的记账节点，性能就会越好，但是交易有效的机会就越小。

提供持续运维

　　区块链可以"永久"存储数据。但实事求是地说，"永久"是什么意思呢？对某些业务场景来说，"永久"是否太久？

　　举个例子，用区块链记录自己的遗嘱。50 年后，某人发生不幸，要让这份遗嘱生效。智能合约是否仍然存在，且会启动必要的交易吗？

　　换句话说，如果一个组织7年后需要删除数据怎么办？能否将它编程为一个区块链智能合约？

　　数据库管理员必须参与，确保智能合约保持活动状态，并且有一个失活（deactivation）或归档账本的机制。

接受简单多数原则

　　对于关键事务型应用系统非常重要的是，整个事务（交

---

[30]　http://bit.ly/2mjmFt1.

易）要么全部完成，要么全部回滚，不可能有中间状态。

例如，我给了我兄弟10美元，这10美元要么已经到我兄弟的账户上去了，要么就回滚到我的账户上了。

可是，对于区块链应用系统来说，它并非"是"或"否"那么简单。完成了交易（记账节点）的说"是"，回滚了没完成的说"否"。一些记账节点会说"是"，一些记账节点会说"否"，或者干脆什么都没说。一笔交易完成与否取决于记账节点的多数票（译者注：多数票说的是"是"，就算交易成功；多数票说的是"否"，或者什么也没说，就算交易失败）。

数据库管理员需要在某些特定的场景下，确认大多数而不是100%的记账节点的交易结果（成功或失败）。

支持很多个记账节点（超级节点）

传统的数据库管理只需要负责一个应用数据库服务器的启动和正常运行。然而，有区块链应用系统的数据库管理，可能需要支持成百上千个服务器。必须为系统管理员配备额外的维护工具，或者额外的数据库管理资源。

第 14 章

数据安全

本章提供 DAMA-DMBOK2 关于数据安全的概述，然后介绍在组织内区块链正常运行所需的数据安全附加职责。

DAMA-DMBOK2 内容回顾

数据安全包括安全策略和程序的规划、建立与执行，为数据和信息资产提供正确的身份验证、授权、访问和审计。数据安全的详细情况（例如，哪些数据需要保护）因行业和国家而有所不同。但数据安全实践的目标是相同的，即根据隐私和保密法规、合同协议和业务要求来保护信息资产。

降低风险和促进业务增长是数据安全活动的主要驱动因素。确保组织数据安全，可降低风险并增强竞争优势。安全本身就是宝贵的资产。

数据安全风险与法规遵从，企业与股东的信托责任、声誉，员工保护、业务合作伙伴与客户的隐私和敏感信息的法律，以及道德责任有关。组织可能因不遵守法规和合同义务而被罚款。遵守法规和合同义务，避免数据泄露，否则会使组织丧失声誉和客户信心。

与数据管理的其他职责类似，数据安全最好在企业级层面来开展。如果缺乏企业级统筹规划，各业务单元将各自寻找安全需求解决方案，导致总体成本增加，同时可能由于不一致的保护措施而降低安全性。无效的安全体系结构或流程可能会使得组织的安全体系大打折扣，并影响工作效率，增加成本开销。一个在整个企业中得到适当资金支持、覆盖全局并保持一致的安全运营策略将能够有效地降低如上风险。

脆弱性（vulnerability）是系统中容易遭受攻击的弱点或缺陷，本质上是组织防御中的漏洞。例如，使用过期安全补丁的网络计算机、不受可靠密码保护的网页、未经培训而缺乏安全意识地接受来自未知发件人的电子邮件及随意打开附件，或不受严密安全体系保护的业务系统，这将使得攻击者能够有机会控制业务系统。

威胁(threat)是一种可能对组织采取的潜在进攻行动。威胁可以是内部的，也可以是外部的。它们并不总是恶意的。一个内部人员甚至可以在不知情的情况下，对组织采取攻击性行动。威胁可能与特定的漏洞有关，一旦发现漏洞，就需要优先考虑对这些漏洞进行补救。例如，发送到组织内携带感染病毒的电子邮件附件、使网络服务器不堪重负以致无法正常运营（也称为拒绝服务攻击）的进程，以及对已知漏洞的利用。

安全组织的设置取决于不同的企业规模，完整的信息安全职能可能是专职信息安全小组的主要职责，通常位于 IT 部门内。大型企业通常设有向首席信息官（CIO）或首席执行官（CEO）汇报的首席信息安全官（CISO）。在缺失专职信息安全人员的组织中，数据安全的责任将落在数据管理者身上。在任何情形下，数据管理者都需要参与数据安全工作。

在大型企业中，信息安全人员也许要求业务部门的管理人员协助完成特定的数据治理和用户授权工作。例如，包括授予各类用户何种权限和如何遵从数据法规等工作。专职信息安全人员通常最关心的是信息保护的技术实现工作，如打击恶意软件和防范系统攻击技术等。而在项目的开发或部署期间，信息安全人员与业务管理人员之间有许多配合协作的工作需要完成。

区块链应用带来的附加职责

数据泄露和窃取的新闻经常出现在各大媒体的头版头条，给企业和社会带来巨大的负面影响。因此，数据安全得到全球关注，一系列数据保护法规随之出台，如《一般数据保护条例》（*General Data Protection Regulation*, GDPR），从法律法规层面对数据的使用进行了严格规定，

从而使得安全性成为信息技术中最显著的功能。

区块链应用降低了某些领域的安全风险，如身份盗窃等，但可能在其他方面暴露出另外的安全风险，比如，欺诈性交易（在区块链中经常被称为"双倍开销"）。

跨组织协作

安全的首要指导原则是协作。组织中涉及很多角色，这些角色必须协同工作，以保护整个组织免受安全漏洞的侵害。在区块链应用中，协作的范围很可能延伸到组织边界之外，邀请来自多个组织的信息技术安全管理员、数据管理员、审计团队和法律部门一起参与进来。

防止欺诈性交易

如前所述，个人或组织可以通过控制足够多的记账节点，以影响交易的结果。例如，假设购买特斯拉需要60%的记账节点来共同确认交易，而购买者实际已控制了至少60%的记账节点，那么购买者可以不支付任何费用就发起交易并确认交易成功，让汽车在未付款的情况下直接发货。

信息安全职能应确保系统不被破坏和操控，这需要采取额外的控制措施，以减少或消除这些类型的威胁。

保护私钥

此外，信息安全职能还应尽可能保护个人和组织的私钥。我们经常在新闻中听到大量的信用卡号码或社会保险卡号码被盗窃。设想一下，某人的私钥被盗了，私钥可以查询和使用金钱、契约、知识产权、成就等。如果有人获得了他人的私钥，那将是身份盗窃的最极端形式。它也是匿名的，对于某些类型的盗窃，抓住犯罪分子的可能性极小。

除了通过软件来保护私钥之外，信息安全专业人员还可以举办培训课程，就区块链的安全问题对员工进行培训，以提高员工的安全意识。

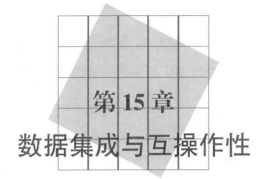

第15章

数据集成与互操作性

本章概述 DAMA-DMBOK2 中关于数据集成和互操作性的相关内容，并介绍为了确保区块链应用在组织中更好地运行，数据集成和互操作性方面需要的附加内容。

DAMA-DMBOK2 内容回顾

数据集成和互操作性（Data Integration and Interoperability, DII）描述了数据在数据存储、应用程序和组织这三者内部及其之间进行移动和整合的相关过程。数据集成是将数据整合成物理的或虚拟的一致格式。数据互操作性是多个系统之间进行通信的能力。数据集成和互操作性的解决方案，提供了大多数组织所依赖的基本数据管理职能：

- 数据迁移和转换；
- 数据整合到数据中心或数据集市；
- 将供应商的软件包集成到组织的应用系统框架中；
- 在应用程序与组织之间共享数据；
- 跨数据存储库和数据中心分发数据；
- 数据归档；
- 数据接口管理；
- 获取和接收外部数据；
- 结构化和非结构化数据集成；
- 提供运营智能化和管理决策支持。

　　数据集成和互操作性的主要目的是对数据移动进行有效管理。由于大多数组织有数以百计的数据库和存储库，因此每个信息技术组织的主要责任就是管理数据在组织内部的存储库与其他组织之间的双向流动过程。如果管理不当，移动数据的过程可能会压垮 IT 资源和能力，并弱化对传统应用程序和数据管理领域需求的支持能力。

　　一些组织从软件供应商处购买应用程序，而非开发定制应用程序，这扩大了企业数据集成和互操作性的需求。每个购买的应用程序都有自己的一组主数据存储、交易数据存储和报表数据存储，这些数据存储必须与组织中的其他数据存储集成。即使是运行组织公共功能的企业资源规划（ERP）系统，也很少（如果有的话）包含组织中的所有数据存储，而是必须将其数据与其他组织数据集成。

　　降低管理数据集成复杂性以及与复杂性相关的成本需求是构建企业级的数据集成架构的驱动力。在企业层面上，设计数据集成已证明比分布式或者点对点的集成方案具有更高的效率和较低的成本。应用点对点的集成方案将导致成千甚至上百万的数据接口，它将很快压垮多数甚至具有高效、高能力的 IT 支撑组织的能力。

　　数据交换标准是定义数据元素结构的正式规则。国际标准化组织（ISO）已经开发了大量的行业数据交换标准。数据交换的规格说明是一个组织或者数据交换机构使用的通用模型，它标准化了被共享的数据格式。交换标准定义了系统或者组织在数据交换中数据转换的格式。数据在进行交换时必须按照交换规格说明建立映射关系。

在共享的消息格式上进行工作并达成对数据的共识，无疑是个重要的任务。然而，系统间通用的交换格式或者数据格式可以大大简化在企业内数据的交互过程，降低支持成本，以及更好地理解数据的含义。

美国国家信息交换模型（The National Information Exchange Model, NIEM）被开发出来，用于指导美国各个政府部门之间交换文档和交易数据。它的目的是使信息的发送者和接收者一致地理解信息的含义。美国国家信息交换模型的一致性确保了对基本信息集的共同理解，在交流者之间传递相同的、含义一致的数据，以允许构建互操作能力。

区块链应用带来的附加职责

由于区块链应用的广泛性和在区块链应用中固有的依赖性，数据集成和互操作专家将需要深度地参与区块链的开发。

引入不同的协议

数据集成和互操作专家在选择特定区块链协议时，必须紧密地与数据架构师和数据库管理者合作，当时机来临时，引入新的协议。

如果协议发生改变，工作量将与其他大型的迁移项目相类似。例如：类似于从 DB2 迁移到 Oracle，从 VSAM 迁移到 MongoDB，从比特币迁移到以太坊，不仅仅涉及数据存储，同时也涉及应用功能和数据访问。

迁入不同的供应商套装软件

在从一个供应商套装软件迁移到另一个供应商套装软件中，数据集成和互操作团队也需要深度介入。

区块链供应商也可能有单独的代码和协议，并对其拥有知识产权或专利，将这些区块链应用中的数据迁入其他平台也同样困难。除标准的协议之外，供应商可能有其特定的协议使得无法在其他供应商的平台上工作。

跨组织数据共享

数据集成和互操作专家必须与数据建模人员和数据治理专家紧密合作，尽快提出将数据存储在区块链账簿中的行业标准。

由于区块链常常是跨组织的，因此需要具有一定强

制性的跨组织的标准。我们必须设计一些标准，例如美国
国家信息交换模型，使得跨组织的区块链应用能够被成功
实现。

集成结构化和非结构化数据

区块链像其他的非关系型数据库一样，支持简单结构
的数据，同时也支持复杂结构（非结构化）的数据。在区
块链时代，集成问题不会消失。我们仍然需要将包含特定
产品名称的非结构化文本连接到产品树结构中，或者到与
一个客户关联的客户 ID 和客户图片中，这些都需要数据集
成和互操作专家介入。在其他章节，我们会讨论一种更大
的需求——分类系统。

第16章

文档和内容管理

本章概述 DAMA-DMBOK2 中关于文档和内容管理的内容，然后介绍区块链在我们的组织中良好运作所需的附加的文档和内容管理职责。

DAMA-DMBOK2 内容回顾

文档和内容管理，指的是控制存储在关系型数据库之外的数据和信息的采集、存储、访问和使用。它的重点在于保持文档和其他非结构化或半结构化信息的完整性，并使这些信息能够被访问。因此，它与关系型数据库的数据操作管理大致相同。不过，它也同样会涉及战略驱动因素。在许多组织中，非结构化数据和结构化数据有着直接的关系，应遵循有关此类的管理决定。此外，文档和非结构化内容应和其他类型的数据一样是安全的，并且是高质量的。

文档和内容管理的主要业务驱动因素包括法规遵从、诉讼应诉和电子取证请求的能力，以及业务连续性要求。良好的档案管理还可以帮助组织提高效率。对本体（即形成现象的根本实体）和其他便于搜索的结构进行有效的管理，可以创建有条理且有益的网站，从而提高客户和员工的满意度。

文档对于内容，就像水桶对于水一样，两者都是容器。内容是指案卷、文件或网站内的数据和信息。内容通常基于文件所代表的概念，以及文件的类型或状态来管理。内容也有生命周期，在其完整的生命周期形态里，有些内容成为组织的证据。正式档案应与其他内容区别对待。

内容管理包括用于组织、分类和构造信息资源的流程、方法和技术，以便以多种方式存储、发布和重复使用这些资源。

受控词表是被明确允许的，用于浏览和搜索对内容进行索引、分类、标引、排序和检索的术语的定义列表。系统地组织文件、档案和内容离不开受控词表。

分类法是指任何分类或受控词表的总称，最著名的例子是瑞典生物学家卡尔·冯·林奈（Karl von Linné）开发的所有生物的分类系统。

在内容管理中，分类法是一种命名结构，包含用于概述主题、启用导航和搜索系统的受控词表。分类法有助于减少歧义并控制同义词。分层分类法可以包含对索引者和搜索者都有用处的不同类型的父 / 子关系。这些分类法被用来创建向下钻取类型的接口。

分类表是代表受控词表的代码。这些表通常是分层的，可能有与之相关的词汇，例如，杜威十进制分类法和美国国会图书馆分类（主类和子类）。杜威十进制分类法是基于数字的分类法，它也是主题编码的多语言表达，因为数字可以被"解码"成任何语言。

分众分类法是从社交标签中对在线内容术语和名称进行分类的分类方案。个人用户和团体使用它们来注释和分类数字内容。它们通常没有层次结构或优选术语。分众分类法通常不被认为是权威的，也不常被应用于文件索引，因为专家不编译它们。但是，因为它们直接反映了用户的词汇表，所以，它们具有增强信息检索的潜力。分众分类法能与结构化受控词表相联系。

本体是一种分类法，它代表一套概念和它们在某个领域内概念之间的关联。

文件是电子或纸质对象，它包含任务说明、对执行任务或功能的方式和时间的要求，以及任务执行和决策的日志。文件可以交流并分享信息和知识。程序、协议、方法和说明书都属于文件。

区块链应用带来的附加职责

文档和内容管理相关人员将发现区块链作为文件存储和检索工具会有很多机遇，同时，也会遇到很多挑战，比如性能。

确保区块链应用具有良好的性能

性能是许多区块链应用程序讨论中出现的一个因素，

这些讨论涉及数据管理学科的其他职责。为满足用户存储和检索文件的需要，必须提高区块链的性能。

如前所述，账本越少，性能越高。但是，这也带来了更高的危害系统的风险：账本越少，意味着分类账备份越少。

确保文档被保留和处置

文档管理有一个要求是在一定时期之后对文件进行处置。因为区块链是不可变的，文件可能永远不会被删除。数据库管理员和文件管理专家之间需要协调，以便停用或存档区块链分类账中不再需要的文件。

确保文档的完整性

本章强调了文档管理要确保一个组织的档案（由该组织生成、管理或为该组织管理的信息）具有合理的真实性和可靠性保证。区块链可以实现这一点。文档和内容管理方面的许多专家，将成为参与该领域区块链应用程序开发的业务用户。

确保文档被保护

本章强调了文档管理要确保文件得以保护。使用公钥可以确保文件和人员得到保护。文档和内容管理用户必须与信息安全专业人员密切合作，以确保文件的安全。

第 17 章

参考数据和主数据管理

本章概述 DAMA-DMBOK2 中关于参考数据和主数据的内容，然后介绍区块链在组织中良好运作所需的参考数据和主数据的附加职责。

DAMA-DMBOK2 回顾

在任何组织中，都需要某些跨业务领域、跨流程和跨系统数据。当这些数据实现共享后，所有业务部门都可以访问相同的客户清单、地理位置代码、业务部门清单、交付选项、部件清单、成本核算中心代码、政府税收代码以及其他相关数据，组织（及其客户）都会从中受益。数据使用者在看到不一致的数据之前，通常会假设整个组织中这些数据存在一定程度的一致性。

在大多数组织中，系统和数据的蓬勃发展超出了数据管理专业人员的预期。特别是在大型组织中，各种项目和计划、合并和收购以及其他业务活动，导致多个系统执行彼此隔离而本质相同的功能。这些状况不可避免地导致系统之间数据结构和数据值不一致。这种多变性增加了成本和风险，组织可以通过对主数据和参考数据的管理来降低成本和风险。

主数据管理需要为概念实体（如产品、地点、账户、个人或组织）的每个实例，识别和开发可信的实例版本，并维护该版本的时效性。主数据面临的主要挑战是实体解析（也称为身份管理），这是识别和管理来自不同系统和流程的数据之间相关性的过程。每行主数据表示的实体实例在不同的系统中会有不同的表示方式。主数据管理致力于解决这些差异，以便能够在不同环境中一致地识别单个实体实例（如特定客户、产品等）。必须对这个过程进行持续的管理，以便让这些主数据实体实例的标识保持一致。

从概念上来说，参考数据和主数据有着相似的用途。两者都为交易数据的创建和使用提供重要的上下文信息（参考数据也为主数据提供上下文），以便理解数据的含义。重点是两者都是应该在企业层面上被管理的共享资源。如果相同的参考数据拥有多个实例，就会降低效率，并不可避免地导致实例间的不一致。不一致就会导致歧义，歧义又会给组织带来风险。

参考数据还具有很多区别于其他主数据（例如，企业结构数据和交易结构数据）的特征。参考数据不易变化，它的数据集通常会比交易数据集或主数据集小，没那么复杂，拥有的列和行也更少。实体解析的挑战不属于参考数据管理的范畴。

区块链应用带来的附加职责

从事主数据管理和参考数据管理的那些人会发现，如果引入区块链应用程序，他们的工作将跨越组织界限。该领域的许多专业人员可能会发现自己需要与标准化组织合作来定义整个行业的通用主数据和参考数据。

创建一致的主数据和参考数据

引入区块链后，主数据管理和参考数据管理可能会跨越企业边界。组织之间将需要开展合作并投入资源，以确保提供一致的主数据和参考数据。通常情况下，参考数据管理的问题比主数据管理的问题少，因为许多参考数据管理代码（例如，诊断代码或 ISO 代码）应该是行业标准。

维护主数据和参考数据

即使在初始术语集标准化之后，也必须保留一个数据更新的过程。如果一个组织需要更改参考数据值，那么，可以通过什么过程进行更改？它需要所有利益相关者的参与，共同建立一套机制和简单易用的流程，以便各组织可以持续开展业务。

同样，当标准更改时，必须有适当的流程来更新应用程序中的标准，并将更改内容按照商定的方式通知所有组织。

那些参与主数据管理和参考数据管理的人员需要与数据治理部门紧密合作，以定义区块链应用程序中这些代码的维护。

退役主数据和参考数据

当主数据值和参考数据值不再被需要时，将其从系统中删除的过程是什么？简单删除会导致关联数据出现问题。此外，因为它是不可变的，所以，在区块链分类账中不会发生删除。当这些数据值不再被需要时，要有一个过程来"关闭"或停用这些数据。

与维护活动类似，涉及主数据管理和参考数据管理的人员需要与数据治理部门保持一致，以正确维护这些退役数据。

第 18 章
数据仓库与商业智能

本章概述 DAMA-DMBOK2 关于数据仓库和商业智能的内容，然后介绍区块链在组织中正常运行所需的关于数据仓库和商业智能的附加职责。

DAMA-DMBOK2 内容回顾

数据仓库的概念始于 20 世纪 80 年代，这项技术使得组织可以将来自各渠道的数据集成为通用数据模型。基于集成的数据有助于组织管理层洞见组织运营流程改进方向，并为利用数据做出决策和创造组织价值开辟新的可能性。更重要的是，数据仓库可以作为减少决策支持系统（Decision Support System, DSS）泛滥的有力手段，这些系统大部分使用相同的企业核心数据。数据仓库的概念提供了一种减少数据冗余、提高信息一致性的方式，为企业利用数据做出更好的决策提供有力的支撑。

到了 20 世纪 90 年代，我们开始真正地构建数据仓库。从那时起（尤其是随着商业智能发展成为业务决策的主要支撑），数据仓库已成为"主流"。大多数企业有数据仓库，数据仓库被认为是企业数据管理的核心。[31] 现如今，即使数据仓库体系已经非常完善，数据仓库也仍然在不断发展和更新。大量新的数据形式不断被创建，新概念不断

---

[31]　http://bit.ly/2sVPlYr.

涌现（如数据湖），这些都将影响数据仓库的未来发展。

　　数据仓库的主要驱动因素是支持运营、满足合规要求、支持商业智能（BI）活动（尽管并非所有商业智能活动都依赖于仓库数据）。越来越多的组织被要求提供数据作为它们遵守了监管要求的证据。因为数据仓库里包含历史数据，所以，数据仓库通常是响应此类请求的有力手段。尽管如此，支持商业智能活动仍然是建立数据仓库的主要原因。商业智能确保了管理者对组织、客户和产品的洞察力。根据从商业智能获取的信息进行决策，组织可以提高运营效率和竞争优势。随着越来越多的数据可获得，商业智能已经从回顾性评估发展为预测性分析。

　　商业智能一词有两种含义。

　　首先，它指的是一种旨在理解组织活动和机会的数据分析。此类分析的结果可用于提高组织的成功率。当人们说数据是获取竞争优势的关键时，是想表达商业智能活动所具有的内在作用：如果一个组织对自己的数据提出了正确问题，就可以获得一些关于其产品、服务和客户的洞察力，这使得该组织可以就如何实现其战略目标做出更好的决策。

　　其次，商业智能是指支持这种数据分析的一套技术。

作为决策支持工具的演进，商业智能工具可实现查询、数据挖掘、统计分析、报告、场景建模、数据可视化。它们可用于从预算编制到高级分析的所有方面。

数据仓库是两个主要组件的组合：集成的决策支持数据库和用于收集、清洗、转换和存储来自运营及外部来源数据的相关软件工具集。为了支持历史的获取、数据分析和商业智能需求，数据仓库还可能包括相关数据集市，这些数据集市是数据仓库的子集副本。从广义上讲，数据仓库包括用于支持商业智能交付目的的所有数据的存储或抽取。

数据仓库描述了操作型数据的抽取、清洗、转换、控制和加载过程，这些过程主要用于维护数据仓库中的数据。数据仓库流程着重于通过执行业务规则和维护适当的业务数据关系，以便能够集成历史业务数据。

区块链应用带来的附加职责

从区块链分类账中抽取数据，并将数据加载到区块链分类账中时，数据仓库项目团队将面临新的挑战。

去中心化

我曾在数据仓库团队担任数据架构师多年，日常工作的主要目标是竭尽所能地收集所有数据，并确保报表数据来源值得信赖。

当探究这种集中式中心结构时，我采用一个自行车车轮进行描述，如图 18-1 所示。

图 18-1 自行车车轮

所有数据都集中在一个中心数据库中，所有接口都将数据传递到该中心或从该中心抽取数据，就像图 18-1 这个自行车车轮一样。

不同于传统的中心辐射型架构，区块链采用完全去中心化的架构。

如果数据仓库是使用区块链构建的，那么，数据仓库项目团队将需要与数据治理团队紧密合作，以确保了解数据，以及数据和业务之间的正确关系。除此之外，还需要了解并记录数据未来的分析和用途。

抽取（ETL 中的"E"）

ETL 代表抽取（Extract）、转换（Transform）和加载（Load），指从源系统中抽取数据，将其转换为对商业智能有用的内容，并将其加载到数据仓库中以供编制报表。来源于区块链或加载到区块链的 ETL 可能很复杂。

与从任何 NoSQL 数据库抽取数据类似，开发人员需要学习如何解析分类账并将其与数据仓库中的其他数据集成。

理解私有密钥和公共密钥之间的映射是一个重要的挑战，并且需要确保私有密钥没有存储在数据仓库（或者如果它存储在数据仓库中，那么，它应该得到了很好的保护）。这将需要与安全小组进行协调。

拓宽数据仓库的范围

在跨越数据管理部门的挑战中，一个共同主题是将应用程序范围扩展到组织之外。对于数据仓库和商业智能应用系统而言，对跨部门及职能的架构进行设计与生成报告是非常困难的；而基于区块链在跨组织设计和生成报告则难度更大。尽管极具挑战性，但还是能够做到，不过要做到这一点，它需要严重依赖主数据和参考数据标准。

第19章
元数据管理

本章将概述DAMA-DMBOK2元数据管理的主要内容，然后介绍区块链在组织正常运用所需的元数据管理的附加职责。

DAMA-DMBOK2 内容回顾

元数据最常见的定义是"关于数据的数据"，非常简单，但也容易引起误解。可以归类为元数据的信息范围很广，它不仅包括技术和业务流程、数据规则和约束，还包括逻辑数据结构与物理数据结构等。它描述了数据本身（如数据库、数据元素、数据模型），数据表示的概念（如业务流程、应用系统、软件代码、技术基础设施），数据与概念之间的联系（关系）。

元数据可以帮助组织理解其自身的数据、系统和流程，同时帮助用户评估数据质量，这对数据库与其他应用程序的管理来说是不可或缺的。它有助于处理、维护、集成、保护、审计和治理数据。

为了理解元数据在数据管理中的重要作用，在这里用一个比喻来说明，试想如果一个大型图书馆中有成千上万的图书和杂志，但是没有目录索引。

如果没有目录索引，读者将不知道如何寻找一本特定的书，甚至一个特定的主题。目录索引不仅提供了必要的信息（图书馆拥有哪些图书和资料，以及它们被存放在哪里），还为读者提供了不同的方式（主题领域、作者或者书名）来查找资料。如果没有目录，那么，寻找一本特定的书将是一件不可能的事情。一个组织没有元数据就跟一个图书馆没有目录索引是一个道理。

元数据通常分为三类：业务元数据、技术元数据和操作元数据。

业务元数据主要关注数据的内容和条件，还包括与数据治理相关的详细信息。业务元数据的示例包括：

- 数据集、表和字段的定义与描述；
- 业务规则、转换规则、计算公式和推导公式；
- 数据模型；
- 数据质量规则和核验结果；
- 数据的更新计划。

技术元数据提供有关数据的技术细节、存储数据的系统以及在系统内和系统之间数据流转的信息。技术元数据的示例包括：

- 物理数据库表名和字段名；
- 字段属性；
- 数据库对象的属性；

· 访问权限；

· 物理数据模型，包括数据表名、键和索引。

操作元数据描述了处理和访问数据的细节。例如：

· 批处理程序的作业执行日志；

· 抽取历史和结果；

· 调度异常处理；

· 审计、平衡、控制测量的结果；

· 错误日志。

区块链应用带来的附加职责

元数据管理专家必须与其他数据管理领域专家协同工作，识别出区块链应用所需的元数据，并确保可从区块链账本管理系统中采集这些元数据。

拓展元数据标准

行业标准对于跨企业的区块链应用会越来越重要（某些案例中是至关重要的）。在本书第 2 部分已经提及了一些标准，如美国国家信息交换模型和全球区块链货运联盟。

在特定组织中，元数据专家需要与数据治理专家对元数据标准达成一致。同时，元数据专家需要与数据架构师、数据模型师和数据库管理者合作并确保标准在区块链协议

和账本中落地。

另外，元数据标准是行业标准的基础，如建立智能合约和实现记录保存共识。元数据专家应与这个领域的开源项目组织合作，如 Hyperledger。Hyperledger 是一个全球跨行业领导者的商业区块链技术合作项目，由 Linux 基金会主管，领导者囊括了金融、银行、物联网、供应链、制造和技术领域的佼佼者。[32]

新增的元数据

元数据专家需要为区块链应用定义和管理新增的元数据类型，同时也需要提升现存元数据类型的准确度，因为准确的元数据对区块链至关重要。下面列举一些对于区块链很重要且类型特定的元数据。

业务元数据：

·在智能合约中的业务规则、业务规范；

·公开密钥；

·区块链地址。

技术元数据：

·记账节点总数量；

·记账节点主要需求数量；

---

[32] https://ibm.co/2r9NGCg.

·哈希与加密货币算法。

操作元数据：

·清洗标准，即何时让区块链账本中无删除的数据失效；

·SLA 协议需求，尤其在性能方面；

·在"非删除"情况下的归档规则。

用区块链存储元数据

在传统关系数据库中，元数据定义了存储数据的方式，如命名为"客户名称"的字段是客户实际名字内容的元数据。但是，区块链不像关系数据库那样，分布式账本存储文本没有所需的字段的属性元数据，如，在区块链分布式账本中存储数字"5"，需要元数据来表示这是"5 英镑"，"5 美元"或者"5 个人"。

元数据专家需要同数据治理组织和数据管理组织紧密协作，保证在区块链分布式账本中存储正确的元数据。

第 20 章

数据质量

本章概述 DAMA-DMBOK2 的数据质量的内容，然后介绍区块链在组织内正常运作所需的数据质量的附加责任。

DAMA-DMBOK2 内容回顾

卓有成效的数据管理涉及一组复杂的、相互关联的过程，这些过程使组织能够使用其数据来实现战略目标。数据管理包括为应用程序设计数据，安全地存储和访问数据，适当地共享数据，从中学习并确保其满足业务需求的能力。关于数据价值判定的一个基本假设是，数据本身是可靠和可信的（我们称之为"高质量"）。

在现实中，数据质量差使得该假设不成立的因素很多：数据管理顶层规划缺失，忽视数据质量差对组织管理和业务发展的影响；系统开发过程形成垂直孤岛，缺失数据标准、数据治理以及完整的配套文档；许多组织无法制定出满足数据应用所需的数据管理举措，等等。所有数据管理都有助于提升数据质量，提供高质量的数据应是组织中所有数据管理的目标。

由于同数据打交道的任何人的非正式决策或行动都有可能导致数据质量差，因此，生成高质量数据需要按职能认责和跨职能部门协同。组织和团队应该意识到数据质量的重要性，提前预防有可能导致数据质量差的各种风险，

在项目开发和数据质量保障之间寻找平衡，尽可能避免接受有可能给数据质量带来不利影响的项目管理或开发条件，以流程和项目的方式来开展高质量的数据规划。

由于业务流程、技术流程或数据管理实践都不是很完美，都或多或少存在一定的问题，因此，所有组织都会遇到数据质量相关的问题。相比那些对数据质量放任不管的组织，重视管理数据质量的组织在数据质量方面的问题会相对少一些，整体数据质量会高一些。

正规的数据质量管理类似于持续的全面质量管理。数据质量管理包括通过制定标准来管理数据的全生命周期；将数据质量管理嵌入数据创建、数据转换、数据存储的流程中，基于标准监测数据质量。

成熟度高的数据管理组织会设立专门的数据质量团队。数据质量团队负责聘请业务和技术数据管理专业人员，并推动数据质量管理技术的落地和应用，以实现组织提升数据质量的战略目标。团队可能会参与一系列项目，为项目制定数据质量管理规范和质量提升流程，并按优先级解决数据问题。

由于数据质量管理涉及数据生命周期管理，因此，数据质量计划也将承担数据应用相关的运营责任。例如，这些职责可包括数据质量分级，数据问题分析、量化和优先级划分等。

团队还负责与数据消费者协同完成工作，确保数据满足消费的需要。团队还将与在工作流程中创建、更新或删除数据的数据生产者协同，以确保正确处理数据。数据质量不仅取决于数据管理专业人员，还取决于与数据打交道的所有人，大家都应具有数据质量意识，都应明白数据质量问题给组织带来的严重后果。

区块链应用带来的附加职责

数据质量专家需要同数据治理团队密切合作，以明确区块链场景下数据质量的含义。

对不可篡改数据制定数据质量解决方案

数据一旦录入，区块链就永远存在。如果录入的数据有误怎么办？某人点了一杯实际加过糖的无糖咖啡；某人键入产品类别有误；某人出生于22世纪。当数据不可篡改，此类数据质量问题将如何处理？

数据质量专家必须结合数据治理需求，制定规则和流程来检测和揭示数据质量问题，而非通过更正数据来修正数据质量问题。

重新定义数据质量

可能需要对"数据质量"的边界进行扩展，以包括那些钻系统空子的尝试。回想一下我们的例子，有人购买了 100 股 IBM 股票，但通过不支付这些股票来欺骗系统。对于那些被误导并存储此错误信息的记录系统，是否应将其视为数据质量问题或安全问题，或两者兼而有之？

就像解决任何数据质量问题一样，数据质量专家需要与数据治理人员密切合作来定义规则和准则，以达到预防和解决这些问题的目的。

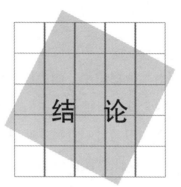

结 论

与集中式的强大权威性地位相反，区块链联盟在流程执行时产生了共同责任。

包括区块链在内的许多技术流行语的定义都模棱两可。有时术语"区块链"是指实际不可篡改的共享账本，有时指区块链协议，有时指基于区块链的应用程序，有时又指所有这三层。我们将区块链定义为分类账本层，而区块链体系结构是指应用程序、协议和分类账本三层。

分类账本层由记录系统管理。协议层提供记录系统间事务验证语言和智能合约调用"如果—就" 语句的语言。应用程序层自动执行一个或多个业务流程以增强用户体验。

通过使用公钥和地址，我们可在无须泄露个人隐私的情况下，使用区块链应用程序。

区块链应用程序支持包括货币、合约和声明三种用途。专注于货币的区块链应用程序是数字会计系统，用于记录资金往来的分类账本。使用区块链构建的合约应用程序通过调用启动和调用合约中的条款来记录交易。声明应用程序获得所有权。

区块链分为公有链和私有链。公有链允许任何人查看分类账本，使用基于分类帐本构建的应用程序，并设置计算机作为分类账本的记录系统。私有链存在于组织内部，分类账本、协议和应用程序归组织所有。

区块链中有三种重要的模式：需求模式、风险模式和流程模式。

需求模式有助于我们更好地了解区块链的用法。有五种需求模式：透明度、精简流程、隐私、持久性和分布式。构建区块链应用程序必须源自至少其中一种需求模式。一旦了解这些需求模式，我们就可以将其应用于任何合适的行业，以便确定应用机会。本书涵盖了五十多个不同的应用案例，跨越许多行业（领域）：金融、保险、政府、制造业、零售业、公共事业、医疗保健、非营利领域、媒介领域。

风险模式是区块链开发过程中可能面临的常见障碍。本书提供了许多详细的示例，但可以概括为合作、激励和变革模式。请注意，在区块链应用程序开发过程中，我们将面临的最大障碍是人员挑战，例如接受新技术和协同工作。

流程模式将每个流程概括为输入、指南、促成因素和输出。输入由利益相关者和 / 或上游业务流程提供。输入可能是原材料、数据或流程等将转换为输出的任何资源。输入由过程转换为输出。输出是流程的交付成果和目标。

指南对输入向计划输出的转化进行管理和控制。促成因素是参与支持该过程的可再利用资源。如果指南是规则，促成因素就是工具。

掌握了这三种重要模式，就知道如何运用区块链技术。

《DAMA 数据管理知识体系指南》（第二版）是评估新兴技术的重要参考。在本书中，使用 DAMA-DMBOK2 来解释区块链将如何影响以下十一个领域：数据治理、数据架构、数据建模与设计、数据存储与操作、数据安全、数据集成与互操作性、文档和内容管理、参考数据和主数据管理、数据仓库与商业智能、元数据管理、数据质量。

记住，概念和原则第一，技术第二。

当你开始理解区块链的巨大力量和潜力时，你将认识到区块链是一种真正的颠覆性技术——就像车轮、印刷机、计算机、网络、智能手机或云计算的出现。与其他突破性的产品和技术一样，一旦你了解了其底层原理，并使用它们建立起坚实的基础，就有无限机会！

术语表

（注：按字母顺序）

英文	中文
access public records	访问公共记录
acknowledge donation	接受捐赠
address	地址
adjudicate claim	理赔裁决
agile	敏捷
alternate key	备选键
announce news	发布新闻
appeal claim decision	理赔上诉决定
application tier	应用层
applications	应用
architecture	架构
artificial intelligence	人工智能
assembly	集成

续表

asymmetric-key cryptography	非对称密码学
attestation	证明
BASIC	BASIC 语言
Bill of Lading	提货单
bitcoin	比特币
bitcoin currency	比特币货币
blockchain	区块链
blockchain architecture	区块链架构
Blockchain in Transport Alliance	区块链货运联盟
blockchainopoly	区块链模式
Brewer's Theorem	布鲁尔定理
Brooklyn Microgrid	布鲁克林的微电网
Business Intelligence（BI）	商业智能
business process	业务流程
buy digital product	购买数字产品

续表

Byzantine Generals' Problem	拜占庭将军问题
candidate key	备选键
CAP Theorem	CAP 定理
catch to plate	从捕捞到上桌
central power authority	中心化权力机构
charge electric vehicle	电动汽车充电
Charity Navigator	公益慈善评级机构
Charity Watch	公益慈善评级机构
Chief Executive Officer（CEO）	首席执行官
Chief Information Officer（CIO）	首席信息官
Chief Information Security Officer（CISO）	首席信息安全官
Choose Energy Provider	选择能源供应商
claims	权利主张
claims adjuster	索赔理算师
claims applications	权利主张申请

续表

classification scheme	分类表
Commodore 64	个人计算机
consortium blockchain	联盟链
choose energy provider	选择能源供应商
content management	内容管理
content management system	内容管理系统
contract	合约
contract applications	合约应用
controlled vocabulary	受控词表
Create, Read, Update, and Delete (CRUD)	增加、查询/读取、更新、删除
Crowdfund	众筹
cryptograph	密码
currency	货币
currency applications	货币应用
custodian	保管人

续表

DAMA Wheel	DAMA 轮图
DAMA-DMBOK2	《DAMA 数据管理知识体系指南》（第二版）
data administration	数据管理
data architect	数据架构师
data architecture	数据架构
data governance	数据治理
data governance council	数据治理委员会
data governance office	数据治理办公室
data governance steering committee	数据治理指导委员会
data integration and interoperability	数据集成与互操作性
data manager	数据管理员
data model	数据模型
data modeler	数据建模师
data modeling	数据建模
data owner	数据拥有者

data quality	数据质量
data security	数据安全
data steward	数据管理专员
data stewardship team	数据管理专员团队
data storage and operations	数据存储与操作
data tier	数据层
data warehouse	数据仓库
data warehousing	数据仓库
database administrator（DBA）	数据库管理员
database design	数据库设计
database support	数据库支持
database technology support	数据库技术支持
data mart	数据集市
decision support system	决策支持系统
Depository Trust Company（DTC）	美国存管信托公司

detect faulty device	检测损坏设备
detect fraud	检测欺诈
detect outbreak	检测流行病
Dewey Decimal System	杜威十进制分类法
document	文档
document and content management	文档与内容管理
double spend	双倍开销
electronic medical record（EMR）	电子医疗记录
enablers	促成因素
enterprise architecture	企业架构
enterprise data model	企业数据模型
Ethereum	以太坊
explanation	解释
feed the grid	向电网供电
Finance	金融

续表

folksonomy	分众分类法
foreign key	外键
Fortran	Fortran 语言
forward engineering	正向工程
function tier	功能层
General Data Protection Regulation（GDPR）	《一般数据保护条例》
getting the right information to the right people at the right time	在恰当的时间将正确的信息带给合适的人群
GOTO	跳转语句
government	政务
guides	指南
hash	哈希
hashing	哈希
Healthcare	医疗健康
HIPPA	《健康保险携带和责任法案》
how it works	如何运作

IF–THEN	"如果—就"语句
Information Technology（IT）	信息技术
initiate claim	发起理赔
inputs	输入
Insurance	保险
Internet of Things（IoT）	物联网
iTunes	苹果的音乐软件
Koinify	众筹公司
ledger	账本
Lighthouse	众筹公司
Linux	系统
mainframe	主机系统
make donation	捐赠
make micro donation	小额捐款
manufacturing and retail	制造业和零售业

续表

Marine Transport International Ltd.	海运国际有限公司
Media	媒介领域
metadata	元数据
metadata management	元数据管理
Monegraph	一家区块链登记产权的公司
National Information Exchange Model	美国国家信息交换模型
nonprofit	非营利的
NoSQL	NoSQL 语言
ontology	本体
operational data store	操作数据存储
operational metadata	操作元数据
Oracle	Oracle 数据库
outputs	输出
Pascal	Pascal 语言
patterns	模式

payment	支付
PayPal	贝宝
perform audit	执行审计
permanence	永久
permissioned	许可链
permissionless	非许可链
Personal Computer（PC）	个人计算机
predictive analytics	预测性分析
primary key	密钥
privacy	隐私
private blockchain	私有链
private key	私钥
process	流程
process patterns	处理模式
process royalties	处理办税

续表

Professional Sports Authenticator	职业体育认证局
proof of existence	存在证明
proof of ownership	所有权证明
proof of work	工作量证明
protocol	协议
prove donation	证明捐赠
prove ownership	证明所有权
provide crisis aid	提供危机救援
public blockchain	公有链
public key	公钥
purchase real estate	购买不动产
put money in meter	给停车计费器充钱
R3	区块链金融标准联盟
record clinical trial outcome	记录临床试验结果
record heathcare administered	医疗健康记录被管理

record ownership	记录所有权
reference and master data	参考数据和主数据
report capital gain	汇报资本收益
requirements patterns	需求模式
research title	查询产权
reverse engineering	逆向工程
Ripple	瑞波
risk	风险
risk patterns	风险模式
Satoshi Nakamoto	中本聪
Sean's Outpost	一个慈善机构
Secure Hash Algorithm	安全哈希算法
semi-structured	半结构化的
settle trades	结算交易
Silk Road	丝绸之路

smart contracts	智能合约
smart meters	智能电表
Solar Change	一个能源交换的电子币发行公司
Spotify	Spotify 音乐软件
streamlining	精简流程
Swarm	一个初创众筹公司
T-account	T 型账户
taxonomy	分类法
technical metadata	技术元数据
Tesla	特斯拉
threats	威胁
track donation impact	追踪捐款用途
track global climate change	追踪全球气候变化
transfer warranty	质保权转让
transparency	透明性

Ujo	Ujo 公司
unstructured	非结构化的
US Library of Congress Classification	美国国会图书馆分类
utilities	公共事业
variations	变种
verify authenticity and condition of collectibles	验证收藏品真伪和状态
verify lineage	验证溯源
verify precious metal and stone	验证贵金属和宝石
virtual notary	虚拟公证人
vote	投票
vulnerability	脆弱性
warranteer	保证人
Western Union	西联汇款
World Wild Fund for Nature	世界自然基金会